世界観をつくる
「感性×知性」
の仕事術

價值，從視野開始

未來時代，個人與企業
都需要創新的世界觀

水野學
×
山口周

目次

Part 2 創造故事

Part 3 創造未來

Foreword

以願景與大義擘畫屬於你的世界

未來人才教練、職涯實驗室創辦人
何則文

在當今的時代，大多數的人的生活都可能比古代的帝王好了。畢竟古代沒有沖水馬桶，也沒有冷氣，甚至沒有網路。如果要大家穿越回古代當王公貴族，卻要過著沒手機沒電腦的生活，大家一定不樂意吧！

所以說，其實人類文明發展到今天，在已開發國家基本的生存問題幾乎可以說是已經順利解決，因此，根據馬斯洛的需求法則，人們就會開始追求自我實踐的目標，想要活出不同於單純只為了活著而努力的人生價值與意義，到底該怎樣做呢？

「解決問題才能創造價值」則是不變的法則，這也是商業世界運轉的根本基石，透過產品與服務幫客戶解決問題，進而創造價值。不過這個時代，面對既有的問題，或許答案已經太多。而未來多變的時代，我們可能都要學著不只是回答，而是要能問出好的問題。

怎樣可以看到問題？就是能擘畫一個願景，也就是理想的狀態，那個理想的狀態勢必與現狀有差距，這個差距的本身就是問題，縮短差距的方法就是問題的解方，而解決問題本身就是想要創造出更新更好的世界。

對台灣人來說，許多人嚮往的美好就是日本這個國家，年輕人著迷於動漫，年長者醉心於日本文化。日本經歷了三十年的經濟停滯期，而使世界第二大經濟體的地位讓給中國，曾經叱吒風雲的日本企業品牌也遇到了新興的挑戰，日本人本身怎樣看待這樣的議題，又想透過怎樣的方法創造出新的價值？

這本《價值，從視野開始》給我們描繪了一個建構於日本哲學與經營理念的闡述，這本有意思的對話錄，由日本知名創意總監水野學以及日本趨勢大師山口周兩位業界巨擘用機智而沉穩，有時近乎哲學對談的交流對話編輯而成。

他們深刻地談論了許多議題，比如：日本的企業品牌未來應該如何在時代的巨浪中處於創新的巔峰，水野跟山口的對談中引述了許多歷史以及當代的企業實力，帶我們進入一個學問淵博的知識海中。他們認為，文明發展到最後，文化將成為未來關注的核心焦點。

所謂文化，就是創造意義，而不只是實用而已。有意義則是用背後的品牌故事，讓消費者認同品牌的價值，進而願意支持，而非單單只是出於使用需求。這個對談中，兩位反思了許多日本文化背後的脈絡，雖然台灣人都很羨慕跟喜愛日本的文化，但他們卻提出深刻的反思。

比如：日本在經濟高速發展的年代，以實用為目的興建許多基礎設施，反而讓古典日本的美感消失；也往往因為集體主義的從眾效應，而不敢成為提出創新、創意新見解的領導人物。然而這個時代科技越是發達，人反而要轉向最核心的人文與美感。

這時候設計的本質就會被抓到檯面上，人跟機械不同的地方，在於人有靈魂，這個靈魂就是有思想，而不只是單純會實用的運算而已。而未來企業的發展，也是要學會賦予品牌靈魂，用願景跟理念，注入思想。

未來的個人與企業也是，必須找到生存以外的價值，也就是屬於自己的願景與核心信仰，想要為世界留下怎樣的價值與改變，建構出屬於自己的「世界觀」。這樣，才能在這個後疫情時代中，在變動中找到屬於自己的方向，贏得生存的無限賽局，走出燦爛的可能。

Foreword

在品牌的世界觀裡，難搞的永遠不是設計，而是人心

品牌行銷與危機公關專家
唐源駿（凱爺）

這不是一本教你如何下筆設計的工具書，而是一本教你用腦設計的哲學課；透過兩位大師——水野學與山口周的視角，雙方身處於美學領域內，並在精闢對話下所淬煉出的哲學思維。

本書取材並不侷限於日本在地案例，大師們信手捻來的國際品牌，甚至是世界美學的發展歷史，都有助於讀者快速理解箇中深意。雖說是從設計出發，但話鋒卻巧妙地從品牌行銷、公司組織、設計人才、提案形式甚至是日本在地文化與社會結構（陋習）都有所涉略，這對於想一覽日本設計圈文化的讀者，不失為一

探究竟的好機會。

文章脈絡將大眾市場從理性到感性的變遷，人心追求實用到尋找意義，都分析的鞭辟入裡，也建議新一代的設計師要忠於自我，甚至是鼓勵企業需要找到「用新的方法創造意義」的人才，以提升未來競爭力，成為登上國際的一流企業。而書中所提的幾個舊詞新義，如「世界觀」、「趣味」、「創造意義」、「共感」、「關聯」、「精度」，也頗具玩味，值得讀者深入思考設計界的未來模樣。

過往，我們習慣從品牌核心出發，創造識別系統並建立信任基礎，理性地強調產品差異化，甚至是消費者的利益層面，再以品牌個性服務消費者需求，以創造整體消費者對品牌的感性認知。而在本書，大師們將會以倒敘的方式，從感性人心出發，一路回溯設計美學市場的發展歷史，讓設計人得以回歸初心，再思出發。

「在品牌的世界觀裡，難搞的永遠不是設計，而是人心。」

Prologue

世界觀是未來商務的重要概念

山口周

本書中提到的「世界觀」一詞，印象中是來自我與水野先生的第二次對談。換句話說，這本書的靈感並不是來自「我們來談談世界觀」的發想。當初與水野先生的對談過程中，也沒預料到會出現「世界觀」這個字眼，但後來卻成了我們在探討未來商務發展時的重要概念。

為什麼世界觀如此重要？相信各位讀者詳閱本書後就能理解。不過，在此先簡短扼要地說，答案就是「為了創造問題」。如今的世界，「答案＝解方」已出現大家都這樣做所以不足為奇的情況，反觀「問題＝議題」這類能提出值得討論話題的情形則越來越罕見，這可說是近代必然的趨勢。

因為人類在長達五百年的歲月裡，都是先解決「深遠且廣泛的問題」，這也是市場原理的機制。任何從事商業活動的人，都會盡可能鎖定市場規模較大的領域，而決定市場規模的關鍵是「問題的深度與廣度」，因此，近代勢必會持續優先解決「深遠且廣泛的問題」。由此可知，當今社會仍存在著「深遠但狹隘的問題」或「廣泛但淺薄的問題」，這些其實是難以發現、猶如礦脈一般珍貴的難題，如果能解決，便會產生莫大的價值。

在這種情況下，比起「提出解方的人」，目前更缺少的是「能提出問題的人」，既然如此，該如何發現問題？這時候即突顯「想像力」的重要性。

追根究柢，「問題」究竟是什麼？它指的是「理想狀態與目前狀態的落差」。當理想狀態描繪得愈明確，必然會產生「問題」。也就是說，當前社會各個領域中的「問題」之所以日益稀少，是因為我們的社會及組織失去了「想像新世界的能力」。

如前面多次提到的，這些情況泰半是無可避免的。各位不妨想想馬斯洛的人類

馬斯洛的人類需求五層次理論

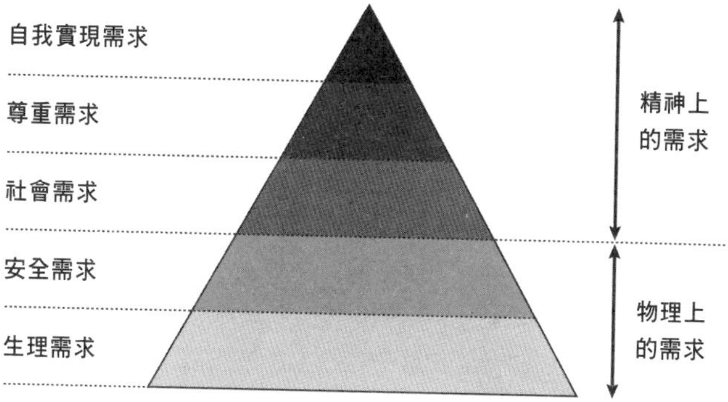

需求五層次理論，相信就能比較容易理解。

將產業的歷史軌跡對照馬斯洛的人類需求五層次理論，即可明白市場規模愈大的產業，愈貼近人類需求五層次理論中的低層次問題。例如：昭和中期[1]急遽成長的家電與汽車產業，幾乎都是針對第一層的「生理需求＝解決炎熱之苦、寒冷之苦、冬天用手洗衣之苦」，與第二層的「安全需求＝希望保持食物不腐敗、希望安全舒適地移動」所提供符合市場需求的對策。然而，這類「低層次的問題」如今多半已經解決，多數人對於物質的需求也早已獲得滿足，因此大部分問題是出在「精神需求未獲滿足」上。

當前的時代，若單從「為了移動」的目的來看，已無法解釋高價位汽車為何如此暢銷的原因。其實這便是市場已從解決「希望能安全舒適地移動」的問題，轉變成解決「精神上的不滿足」，也就是人們希望藉由使用較高檔的物品，來讓別人認定自己是成功人士。

如今日本各界都在探討「願景」的重要性。也許有人認為，「事到如今談願景還有什麼用？」但是希望各位能進一步思考，為什麼願景如此重要？因為願景就是構想。如前面所提，沒有構想便無法找出問題。現在的社會，解方與對策日益貶值，優質問題的價值反而水漲船高。換句話說，願景的重要性在於「為了創造問題」。

一九八七年，Apple發表了名為「知識領航員」（Knowledge Navigator）的短片。這段短片是Apple（當時是Apple Computer）製作的，目的是為了呈現「構想＝願景」，以設想電腦在不久的將來會以何種形式輔助人類的智能活動。目前在YouTube可以找到不少相關影片，各位有興趣的話不妨去看看。

看了影片的內容不禁令人感到驚訝，出現在影片中的網路資料庫、平板電腦、觸控輸入、語音輸入、模糊檢索、視訊通話等物品所建構出的世界觀，時至今日才逐步實現。這部影片是在一九八七年、距今三十多年前製作的。當時的日本企業，對於三十年後「人機共存的理想關係」，是否已具備如此明確的世界觀呢？

Apple 正是透過這部短片向人們提出願景。為了實現這幅願景，各個領域的人才每天辛勤工作，竭盡所能讓這些構想能在當今世界得以成真。

如此一來，也許有人會感嘆不已：「太厲害了，竟然早在三十多年前就可以預測到現今世界的模樣啊。」不過，這種想法是錯誤的。Apple 所做的並不是「預測」，而是他們構想出一個「如果能實現，一定會很美好」的新世界，並將這個構想拍成影片，之後向公司內部與外界的高層人士提出一幅可以實現的願景。

有一點請各位留意，為什麼 Apple 不以「文字」的形式來呈現願景，而是拍成短片呢？又為什麼目前大多數企業幾乎都以「文字」呈現願景呢？

最主要的理由是「文字只能描述過去」。文字記載的是概念，而概念必定是過去的反映。想當然耳，我們無法以文字來形容「沒有人看過的事物」。Apple當時的構想，遠遠超出那時的「電腦」可以做到的程度。因此，Apple想要正確無誤且有效地讓更多人了解全新的構想與世界觀時，就得採用「短片」來呈現。

就這一點來看，也突顯了藝術與設計在當今世界的重要性。換句話說，在問題愈來愈稀少的現代世界，首要之務就是「打造世界觀」。為了讓別人了解這種世界觀，藝術與設計等視覺表現手法便成了極為強大的工具。

各位是否懷抱著自己的「世界觀」每天辛勤工作呢？是否抱持自己對於未來世界的美好願景而投入工作呢？現代藝術家約瑟夫・博伊斯（Joseph Beuys）曾說，世上所有的工作者都是創作「世界」這項作品的藝術家。但願各位能牢記這句話，心懷自己的世界觀，專心致志地工作。

1 譯註：約一九四六至一九六五年。

Part 1 創造意義

未來的企業要創造的價值是什麼？

水野 當我得知要與山口先生對談時，真的非常高興，但也有一點困惑。我納悶的是，我們聊得起來嗎？我在聆聽山口先生說話時，心裡大概只有一種想法是：「他說得沒錯！」因為我全程都在點頭附和，這應該稱不上是對談吧（笑）。

山口 別這麼說（笑）。

水野 所以我想乾脆代表讀者，來談談山口先生的著作中讓我獲益良多的地方，但是這樣也很奇怪，因為有人可能會覺得：「那我直接去看山口先生的書就好了啊。」於是我想了想，當我從山口先生身上學到的知識，與我和企業間合作交流所發想出的看法，以及從事設計相關工作的想法彼此不謀而合時，便產生了「啊，原來是這樣啊！」的「新答案」。我覺得這就是「創新」。

因此，如果能透過這項對談企畫激盪出某種創新的見解，肯定非常有意思。

山口　蘇格拉底也說過，透過對話可發展出意想不到的創見。過去許多創新概念確實不是來自原始發想者的獨自苦思，更可說是經由大家熱烈討論後所腦力激盪出來的。能與在設計和品牌經營領域上都成績斐然的水野先生對談，我也十分興奮，相信一定能從中獲得許多的感悟與創見。

水野　那麼，我們馬上開始進行對談吧（笑）。首先我想跟山口先生談談，未來企業該何去何從？

一般人對我的了解，大多知道我是從事設計與品牌經營，例如：NTT docomo的「iD」、熊本縣的吉祥物「熊本熊」。但實際上，我也常向各家企業及製造商提供包含設計的諮詢顧問。我最近的案子是相鐵集團的品牌增值專案。

因此，我經常在思考，未來日本企業到底該何去何從？舉例來說，日本可以說已經失去「日本第一」（Japan as No.1）美譽時期所擁有的力量，國內生產毛額（GDP）也大幅落後第二名的中國，就連二〇一九年的全球競爭力報告（世界經濟論壇），日本也從前年的第五名退步至第六名。所有大型製造商顯然都無法在世界舞台上出類拔萃。企業在這種困境下，到底該如何因應？

山口　我從二十多歲的時候就一直思考著：「公司究竟該創造出什麼樣的價值？」簡單來說，企業若是能向社會提供某種價值，並獲取該項價值應得的報酬，這就是商業的運作模式吧？因此，當企業經營不善，即表示該公司無法對社會有所貢獻吧。既然無法提供價值，當然就不能獲取相對的報酬。

水野　「我們給你獵來的猛瑪象肉，你們也把手上的果實給我！」這是從遠古時代延續至今的商業規則。當然，如果從「猛瑪象肉可以填飽肚子」的這項價值來看，會變得複雜得多。

山口　沒錯。這是由於猛瑪象肉是用來解決「肚子餓」這種生理需求的方法。以馬斯洛的人類需求五層次理論來看，便是屬於「第一層」的「生理需求」。

馬斯洛的人類需求五層次理論從最底層的「生理需求」開始，往上依序是「安全需求」、「社會需求」、「尊重需求」、「自我實現需求」。當今世界的「安全需求」與「生理需求」已處在完全滿足的飽和狀態，商業界因此展開各項嘗試，以因應各種需求。在這種環境下，人們什麼時候才會感到匱乏呢？

換個方式說，如今的時代更需要思考「有價值的會是什麼？」所謂的「價值」並非絕對的事物，它會隨著社會環境而改變。至少在目前的日本社會，「猛瑪象肉」已不具有商業價值了。

如今必須思考的論點，便是現在的社會「過剩的是什麼？缺乏的是什麼？」毫無疑問，「過剩的東西」會貶值，「稀有的東西」必然會增值。

物品過剩、便利過度、答案過多

水野　一旦物資過剩，人們就不懂得珍惜，這一點毋庸置疑。就像一星期只能吃一次牛排的話，那就是美味佳餚；若是天天吃牛排，便成了普通的一道菜。如果滿街都是大同小異的東西，價格自然會下跌。

以前的人有許多渴望的東西。例如：昭和三〇年代[1]中期，有冰箱的家庭僅一成左右，因此當時每個人都「想要冰箱」、「想要電視」吧。那時候根本沒有供過於求的問題，而是供不應求。

山口　現在再也沒有讓所有人由衷渴望的東西了。如果有人問：「你想要什麼？」水野先生你能立刻回答嗎？

水野　我應該答不出來吧。不只是我，週遭的人恐怕也跟我一樣。

山口　這就是所謂的「文明的勝利」。雖然是好事一樁，但是站在商業角度來看，卻是個麻煩。我們花錢購買東西與服務，是為了解決「問題＝麻煩」，可是現在社會中「問題＝麻煩」的狀況愈來愈稀少，反而引發「答案過多」的問題。

由於所有人都針對少數的問題合理地追求正確答案，以致於產生「答案過多」的問題。家電產品就是典型的例子，各家品牌的冰箱或微波爐的設計與功能不是看起來都幾乎一樣嗎？這就是因為「每個人都得出了正確答案」。

水野　「答案過多」，真是令人恍然大悟的一句話。確實如此。我在演講的時候也會把幾家不同品牌的電視螢幕並排在一起使用投影功能，從產品外觀來看，幾乎看不出各家品牌有何差別（笑）。

山口　假設「家電外型要白色簡潔」是正確答案，各家公司的產品就會全部採用「白色簡潔」的外型，乍看之下，不按標準答案作答似乎沒什麼好處。不過，我認為大多數情況是難以提出質疑：「這個『外觀要用白色』的答案到底是針對哪個問題的解答？」換句話說，就是對真正的問題置之不理。

水野　這可以說是沒有深思下一步該怎麼做，也未探究今後物品的價值究竟是什麼吧。不過，隨著技術日新月異，便利的東西也變得有增無減。

山口　是啊，這就是「便利過度」。當人們對便利的東西習以為常，覺得隨手可得，自然就不會珍惜，認為可有可無。在這種情形下，人們似乎反而會希望尋求某種不便。

舉一個切身的例子，我家住在葉山，鄰居的家中大多都安裝了燃木壁爐。這種壁爐使用起來非常麻煩，入冬之前就得先去購買大量的木柴放在柴房裡，生火時還得用火柴點燃木柴慢慢燃燒。就算火生起來了，也不能置之不理，必須適度調節空氣進入的量與木柴的多寡。雖然操作很費事，大家仍然用得很開心。

每逢十一月左右，家家戶戶一到假日便開始賣力劈柴。哪怕是貴為企業家或醫院院長，只要太座一聲令下：「去劈柴！」個個都得揮汗照做。這算是一種「否定進步」的行為，感覺就像以前故事中說的「老爺爺上山去砍柴了」。

水野　的確，在便利過度的情況下，不方便的事物反而顯得更有價值。

山口　沒錯。尤其是進入二十世紀，電子學與電腦急遽發展，日常生活中的「生理需求」與「安全需求」全都獲得滿足。多虧如此，人們「能每天洗澡」、「能待在溫暖的家裡」、「能安全保存食物」、「雨天外出時不會淋濕」。總而言之，科技與文明的出現就是為了解決日常生活中的種種不便，結果卻造成太過便利，反而使人們興起尋求不便的念頭，例如：「既然要蓋一棟透天厝，會希望能在裡面再安裝一座燃木壁爐」、「用鐵壺燒開水更有生活情調」。

古董車的價格水漲船高也屬於同樣的現象。七〇年代製造的窄體（narrow）氣冷引擎保時捷的二手價格甚至是新款保時捷的好幾倍。從某種意義上來說，這跟燃木壁爐一樣，也是否定文明的行為；這種結果對工程師而言或許難以置信，但其實一點也不足為奇。同樣地，六〇年代的捷豹（Jaguar）復刻版名車「E-TYPE REBORN」的銷售價格超過兩億日圓（約台幣四千九百多萬元），照樣在當天售罄。

1 譯註：一九五五～一九六四年。

緊追文明的文化

水野　剛才舉的經典車例子，就是不便比便利更有價值的現象。我覺得這種現象在高奢的珠寶業界中也有愈來愈多的趨勢，但是包括家電產品在內的生活日用品，或許還無法完全脫離便利的範疇。

山口　這是有原因的，日本絕大多數的製造商都看到了這世上「顯而易見的問題」，並且以製作便利產品作為解決問題的對策，繼而獲取業績成長這種「顯而易見的成功經驗」。我想，最典型的例子就是國際牌（Panasonic）。松下幸之助先生提倡的「水道哲學」[2]，他的策略是以大量生產為前提，只能鎖定馬斯洛人類需求五層次理論中的低層次問題。

「手被冰水凍得很難受」、「常溫的啤酒很難喝」等等，就是人們在生理上經常普遍出現的抱怨。所謂的普遍，即代表「市場規模龐大」，因此可以大量製造產品來解決，這正好符合水道哲學的概念。

不過，一如前面所提，「供過於求的物品會貶值」，因此現在「便利」的價值愈來愈低。如今「價值的結構」與昭和時代大相逕庭；但對於「價值的認知」卻一如既往。如果還像從前一樣追求早就沒什麼價值的東西，當然就沒辦法從中獲益。

這就是「成功經驗」所帶來的謬誤。因為這些人到現在還根據過往的經驗，把早就不具價值的物品或事情當成「有價值」的東西來看待，可以說在學習的心態和觀念上還有待加強。

水野 這正是我平時合作的製造商所面臨的問題。因為便利的東西已經多不勝數，產品再也無法再做得更便利，所以遇到了瓶頸。

山口 更進一步說，有時候「一味追求實用之物，反倒成了無用之物」。像是我家的電視遙控器上有六十五個按鍵。我看再過不久就會進化成一百個了吧（笑），這有點「為了要做而做」的意思，硬是增加一堆不必要的功能。我問家人：「這些按鍵平常都有用到嗎？」他們說：「平時常用的按鍵只有四個。」也就是說，當遙控器的按鍵數量增加到十個，使用者就不會覺得有那麼好用了。既然沒那麼好用，自然就不想花大錢購買。

可是，對製造商來說，每增加一個按鍵，一定會增加成本。久而久之，便來到毫無利潤的損益平衡點。如果看過現代日本家電產業的損益表，就能發現營業利益只剩個位數而已。花成本製作顧客不覺得有價值的東西，會出現這種結果也是理所當然的。有六十五個按鍵的遙控器就是企業陷入低營收窘境的例證。

水野 廠商完全搞錯努力的方向吧。

山口　不過，這也與「勞動生產力低落」有關。日本人的平均工作時數大約一千七百小時，比德國的一千三百小時還多了四百小時。至於平均每人國內生產毛額，日本是三．九萬美元，德國則是將近五萬美元。就結果來說，日本的勞動生產力非常低，排名自然不如美國與德國，甚至比西班牙及義大利還要低。

公司在面對這種情況下，便需要在「實用的價值」與「有意義的價值」這兩種策略下二選一。

日本企業一直在「實用的價值」這條路上打拚，但是「實用的價值」已經過多，「有意義的價值」反而愈來愈少。換句話說，時代已經改變，生產「有意義」的東西才有價值。

水野　在山口先生的著作《成為新人類》（中文版為行人出版）中也有提到這點。我讀得非常入迷，恕我冒昧說一句：「我也是這麼想的。」

十五世紀中葉開啟大航海時代，帶動了文明發展。當人類能比以往移動到更遙遠的地方，便利與機動性高就成了優先考量。這種文明發展到一定程度之後，文化便緊追在後。於是在十六世紀興起了文藝復興，日本也在同個時期盛行安土桃山文化[3]，形成全球性文化的時代。持續了一段悠長的文化時代後，十八世紀下半葉便出現了工業革命。

山口　這完全是近代化的文明大革命啊。

水野　後來文化再急起直追，美術工藝運動（Arts and crafts movement）[4]蓬勃發展，並且緩慢進展延續至今。文明先進步，文化再緊追在後，並且蔓延開來。如果歷史會重演，現在將是發起下一次革命的時機。

有人說這是第三次工業革命，也有人說是第四次，甚至也有人稱為數位革命，雖然有各種不同的說法，但我將它稱為「網路革命」（Net Revolution）。網路登場之後，使「文明」一下子大幅成長，由於目前仍在持續成長，接下來應該換

「文化」上場了吧——我在其他各種場合中都曾提到這個話題。

---

2 像自來水管線一樣，大量供應物美價廉產品的經營理念。

3 譯註：一五六八至一六〇三年之間，織田信長與豐臣秀吉稱霸日本的時代，又稱織豐時代。

4 十九世紀末至二十世紀初，以威廉・莫里斯（William Morris）為主，在英國掀起的美術工藝運動。

「實用」的市場

山口　日本的情況，就像水野先生提到的「文明類型」，不少企業組織本身的能力就比較擅長B to B[5]的工作。因為過去的社會有許多民生問題，B to B形式的「實用」能力在B to C[6]的市場上同樣能發揮作用，這是由於製造「實用的產品」所提供的價值就是解決身邊的不便。

不過，當前社會有關「不方便」或是「使用不順手」的切身問題幾乎都獲得解決之際，文明的發展就已走到盡頭。所以，接下來就是水野先生所說的「換文化上場」的時刻了。

水野　原來如此，換句話說，「文明＝實用」、「文化＝有意義」啊。而目前企業就站在選擇「實用」或是「有意義」的十字路口。

山口　如果硬是將它劃分成兩極化，企業組織的能力就只有「實用」和「有意義」兩種選擇。有的公司便因此決定「我們堅持走『實用』這條路」，這類公司會朝B to B發展，例如：打造完善的基礎建設、建造水壩等等。

理由是選擇B to B還可以在「實用」的市場上一較高下。各行各業自有一套「實用」的標準，也就是所謂的「答案」，例如：「這座水壩的發電效率如何」，各行各業都有這類標準吧。

水野　確實如你所說。我以前跟某家手機廠商合作，親眼見證了他們退出B to C手機產業的時刻。相關的專案也因為這樣不了了之，並實際感受到「他們要往B to B發展了啊」。

山口　你成了產業史上重大轉變的目擊者啊（笑）。

5　譯註：Business to Business。企業（B）透過網際網路串聯上下游廠商（B），整合資訊與物流，創造完整的供應鏈。

6　譯註：Business to Consumer。企業（B）透過網路，提供給消費者（C）產品或服務。

一味追求實用，就必須成為業界第一

水野　實際跟各家製造商共事後，我覺得即使「實用」的市場已經飽和，日本的製造商還是有能力向世界展示「有意義」的價值。畢竟他們製作的是人們所使用的東西，應該仍有許多方法吧。不過，日本的製造商從來沒有生產過「有意義」的價值，公司組織裡也缺乏這類的觀念。

上圖：山口周／下圖：水野學　（攝影：小山幸佑）

山口　確實如此。「實用的能力」背後支撐的是理論、科學與技術，換句話說，要有答案才容易執行。這就是為什麼要透過市場調查取得資料，才能得出「應該要提升產品性能」這項結論。

水野　我最討厭的就是市場調查（笑），任憑調查結果擺佈真的很無趣。

山口　所以水野先生才會想要追求「有意義的能力」吧。至於「有意義」的後盾，以水野先生來說，就是由豐富知識形塑而成的品味；我的解釋是提升藝術美感、直覺與品質。但對於大部分的企業或公司組織來說，要達到如此境界的門檻實在太高，所以就直接選擇放棄。

水野　因此，他們才會選擇朝 B to B 的市場發展吧。

山口　一味追求「實用」，商務會變得像是運動員一樣。

所謂運動員型商務的特徵是「測量性能的基準單純，並且可以估算計量」。例如：IC晶片注重計算能力與成本；發電機追求發電效率與成本；汽車則講究燃料消耗率與價格。如此一來，就會變成「勝者全得」（Winner-take-all）。

舉個簡單的例子，百米短跑運動員是所有運動員中最厲害的，但是問到：「第一名是誰？」一般人都會回答：「烏塞恩．博爾特（Usain Bolt）[7]。」因為眾所周知啊。接著要是再問：「第三名是誰？」一般人的反應大概是：「我哪可能知道啊？」不過，那可是「全世界第三名」啊！再怎麼說也是很厲害的，但卻沒有人記得他是誰。換句話說，運動員的世界會出現最高榮譽的「壟斷局面」。因此，「實用」的商務能不能在該領域中名列前茅，獲取報酬的差距將會是天壤之別。

水野　確實如此。而且像基礎建設這類國內產業，單憑「實用」這一點便能成為國內首屈一指的企業，但還不足以躋身國際企業之林，尤其在網路業界更是如此。例如：過去日本排名第一的社群網路是 mixi，然而隨著推特（Twitter）、臉書（Facebook）、Instagram 等陸續登場，如今已經失去原先的優勢了。

山口　實際上是愈來愈沒有影響力。

水野　是的。mixi 後來雖然轉型，但是同樣的歷史還是會持續上演。現在 mercari 與雅虎（Yahoo）或樂天（Rakuten）相比，二手市場的業績相當亮眼，但是如果亞馬遜（Amazon）或谷歌（Google）也推出二手交易平台功能的話，產業版圖不曉得會有什麼變化呢？

山口　谷歌是「實用」路線的頂尖跑者，在全球的市佔率超過九〇%，總而言之，就是世界第一。

水野　等於是網路業界的烏塞恩・博爾特吧（笑）。

其他像日本國內原本亂象叢生的二維條碼（QR Code）支付，也因為兩大龍頭的雅虎（Paypay）與LINE（LINE Pay）的合併而得以整合，真不愧是實力堅強的第一名啊。

7　牙買加出身的前田徑短跑選手，曾榮獲北京奧運、倫敦奧運、里約奧運金牌。

如今正是「物質」的時代

山口　在「實用」的競爭中，地方產業比想像中更能堅持得住。最具代表性的是耗費運輸成本的物品，例如：玻璃或陶瓷，因為體積沉重又龐大、單價也不高，卻會耗費較多的搬運成本，因此仍會傾向在地製造，以便降低昂貴的運輸成本。

水野　從這一點來看，網路的情況最嚴苛啊。因為移動的是電子，在物理上來說是最輕的物品。

山口　至於汽車或家電，我覺得是介於「搬運成本太貴而選擇國產」的玻璃，以及「搬運成本等於零」的網路之間。因此，每個國家的相關企業仍然有生存的空間，但是整合的程度還不如谷歌。

再舉一個運動員型商務的例子。日本職棒登錄一軍的球員約三百人，他們不僅生活無虞，甚至還過得相當富裕。

水野 的確，像百米短跑運動員，就算世界排名前一百名也很難以此糊口，所以國內那三百名職棒球員真的很不簡單。但是不能單憑競技項目的受歡迎程度來說明這種現象吧。山口先生怎麼解讀兩者之間的差距呢？

山口 棒球的標準遠比短跑複雜的多。攻、守、跑等項目各有不同的標準，例如：「打擊能力超好但腳程不快」或「打擊能力尚可但守備超強」等等，可透過截長補短的方式發揮每個人的價值。也就是標準愈複雜，可被用來評比的人就愈多。

再回到商務的話題，B to B會建立相當明確的關鍵績效指標（key performance indicator，簡稱KPI），標準可以輕易達到，所以能締造「勝者全得」的局面。如今全球化競爭愈趨劇烈，一旦要以人工智慧與亞馬遜一較高下，而日本企業卻只想要以「實用」這項價值一決勝負，恐怕這場仗會打得很艱難。

水野　如果要在世界舞台上以「實用」的標準一較高下，便只能持續挑戰勝者全得的嚴苛競爭，這是相當需要「體力」的持久戰啊。

「那麼，日本企業究竟需要什麼？」我在思考這個問題時，覺得日本企業應該要朝文化發展，而不是文明。

山口　我也覺得應該要朝文化發展。畢竟只有文明的話，一點也不有趣。

如今日本有些公司轉向追求文明價值的 B to B 商務；有些公司轉投注在發展中國家，這類今後仍有成長空間的市場，也就是將戰場換到「生活仍不便」的地方，重新挑戰過去在日本已有成功經驗的「實用型商務」，這算是一種選項，問題就在於重複做同樣的事情是否有趣而已。

如果是朝「有意義」的方向發展，工作確實會有趣得多。「有趣」是最重要的關鍵，尤其是經由B to C直接將物品送到消費者手上，絕對會產生不少樂趣。

水野 最近這五年來，常出現「從物質消費轉為感性消費」這句話。所謂的「感性消費」，指的是提供產品與服務所獲得的體驗。但是從實際情況來看，不少企業只是從B to C轉變為B to B，所以我才會說：「隨隨便便就往情感經濟發展，很快就會崩盤的。現在正是物質的時代啊。」（笑）

山口 你說得沒錯。

水野 不過，我雖然堅稱現在是「物質的時代」，可是卻沒辦法用言語確切地解釋原因。這次聽了山口先生的一番話，我深信自己找到了「如今確實是物質時代」的理由。如果「有意義的物品」本身不存在，便無法產生與它相關的感性消費了。

日本企業陷入困境是因為無法轉換價值

山口　就世界史的觀點來看，因文明走到盡頭而不得不仰賴經濟解決的問題少之又少。然而，這世上確實有人飽受罕病之苦，也未能完全解決經濟體系之外的貧窮及虐待兒童等嚴重問題。

尤其是日本，自一八六七年大政奉還拉開了明治維新的序幕後，便打著「文明開化」的旗幟，全心追求「以『實用』之道來解決問題的方法」。

接著來到「相當於音樂最終樂章」的一九八〇年代。美國社會學家傅高義（Ezra F. Vogel）於一九七九年出版了風靡全球的暢銷書《日本第一》（*Japan as No.1*）。一九八五年簽署《廣場協議》後，日本一躍而成名符其實的世界第一經濟大國。優秀的程度，甚至讓一路教導日本文明的美國老師不禁驚豔：「你現在已經青出於藍了。」

水野　這種情況就像「日本學生」的能力超越了在文明學校授業的「美國老師」，還得到老師掛保證說：「你可真了不起！」

山口　沒錯。廣場協議就是文明學校的畢業典禮，如果接下來能從「文明」換檔到「文化」就好了。然而，從失去了「值得效法的範本」的那一刻起，日本便猶如斷了線的風箏開始隨風飄盪，就這樣過了三十年。我覺得長達三十年的平成時代，就是處在這種飄飄然的失根狀態。

水野　所以，後來日本的經濟也慢慢失去活力了。

山口　雖然大家都明白象徵文明的「實用的世界」已毫無前景可言，卻因害怕又不敢前往象徵文化的「有意義的世界」。左右為難的結果，即有可能陷入「既不實用也不具意義」的局面，一旦落到這種地步，便完全失去存在的價值。日本的家電產業過去何等風光，如今包括三洋電機在內宣告破產的企業也愈來愈多，背後隱藏的問題就是無法因應價值的轉換、從實用路線轉變為有意義路線吧。

水野 「日本猶如斷線的風箏」，我與阿川佐和子女士及山崎万里女士對談時，他們兩位也說過類似的話。

阿川女士曾旅居海外，總是以客觀的角度與我暢談各種話題。山崎女士是執筆《羅馬浴場》的知名漫畫家，學識非常淵博，因為十多歲時遠赴義大利磨練畫技，因此對歐洲事物十分熟悉。

總而言之，明治以後的日本，就是一下子大量引進歐美的投資、文化以及美國的觀念而成了暴發戶。當時的日本很想運用這些資源來發展文明，躋身世界頂尖之林，但是本身既沒有知識也不懂禮儀，即使穿著一流裁縫師製作的無尾晚宴服，感覺也像不懂「為什麼要這樣穿」。這是因為一夕之間成為暴發戶，但文化水準還不到位。

無可奈何之餘，只能不斷要求自己以運動員的標準在文明世界拚搏，看看能得到多少成果。

汽車的「個性」始於歐洲的貴族文化

山口 阿川佐和子女士、山崎万里女士以及水野先生的三人對談，陣容真是強大啊。聽了你剛剛說的一番話之後，我就想到了汽車。

水野 汽車產業嗎？

山口 不是，是年代更早十九世紀的事。汽車的車型名稱不是有「雙門」（Coupe）、「四門」（Sedan）、「敞篷」（Cabriolet）嗎？這些名稱原本是法語中的馬車種類。鹿島茂先生還為此寫了《想要買馬車：十九世紀巴黎男性的社會史》（中文版為如果出版社）一書。

水野　那本書是透過小說主角描寫十九世紀巴黎的社會風俗吧。

山口　沒錯。《想要買馬車》引用了巴爾札克的小說《高老頭》（*Le Père Goriot*）的內容。《高老頭》的主角拉斯蒂涅是一名野心勃勃的男子，夢想有朝一日能出人頭地，離開鄉下前往巴黎。家人鼓勵他：「我們家僅有的錢都拿來投資在你身上了，好好努力在巴黎闖出一片天吧。」以現代日本來說，就是拿了大約一百二十萬日圓（相當於台幣四十萬元）的經費。

當時想在巴黎嶄露頭角，最重要的是先得在社交圈中混出名堂，討好上流階級的貴婦。那個時候有婚外情很正常，所以年輕人的如意算盤便是想透過交好的貴婦向她們的丈夫推薦：「替我可愛的小情夫安排個好工作吧。」「那就來我公司當主管吧。」年輕人為了獲得貴婦的青睞，可以大手筆訂製一套高級服飾，卻怎麼也買不起昂貴的馬車。

水野 用現在的話來說，就是「為了要把到出色的女性，所以得去銀座的布里歐尼（Brioni）訂製高級西服，同時也想入手一輛頂級跑車」（笑）。衣服確實可以用信用卡分期付款，但是高檔名車就很困難了。感覺現在的年輕人不是很想買車啊。

山口 當時的年輕人之所以想要買馬車，說得直白一點，就是把它當成移動的摩鐵使用。年輕人與貴婦搭著馬車駛向香榭大道，並在郊外稍作停留一下。座位後方有個從外面看不到裡面的祕密小空間，所以兩人就在裡面待一會兒……就是大家想得那樣。

那種馬車的車型有分雙門或敞篷的。因為是貴族的時髦小玩意，重點是外觀，功能倒是其次。換句話說，歐洲的汽車產業是貴族文化的延伸。

水野 確實如此。歐洲汽車產業的出發點與日本汽車產業完全不同。日本從一開始就很明顯是把車子當成移動的工具，也就是「實用」的東西。

山口 沒錯。在歐洲和日本，車子這種物體所建構出的思想背景完全不一樣。日本雖然也想努力打造出像凌志（LEXUS）那樣的車子，並全心全意地朝著文化方向發展，但很遺憾的完全行不通。

至於歐洲，至今仍延續著歷史悠久的貴族文化。例如：操刀設計法拉利的賓尼法利納（Pininfarina）等的設計公司即統稱為「Carrozzeria」，義大利語的意思就是「高級馬車及馬車工作室」。

「日產汽車」與「Google」的明顯差異是什麼？

水野　你剛剛說的話讓我想起一件事，日本人很愛用西洋文字。我的公司名稱叫做「good design company」，汽車製造商也常用片假名替新車命名，清一色全是英文字母。不過如果問他們：「你知道這個單字的意思嗎？」大多數人都不曉得，畢竟這些人沒有經歷過「汽車的原點＝馬車文化的薰陶」。

舉例來說，不少文字型商標（Logotype）都是根據既有的字體加以設計。可是，大部分人應該都不知道自家公司的商標是以哪一種字體為基礎吧，就連高階主管可能也不清楚。因此，在不了解西洋字體的歷史及演變、用途下，便經常發生誤用的情況。

不過，如果換成是日文字體也會出現同樣的情況。像日本人去歐洲時，就會看見日本餐廳的招牌竟然使用只會出現在怪誕離奇情境中的恐怖字體，寫著「拉麵日本屋！！！」不禁感到毛骨悚然。有時候看到外國人身上刺了詭異字體的漢字，也忍不住搖頭：「真的是敗給他了……」（苦笑）。

山口　更誇張的是，那個漢字還寫錯（笑）。

水野　在日本企業的商務場合也有可能出現同樣的事情。如果不了解馬車的文化，純粹只想打造外型酷炫的車子，說難聽一點，就像日本愛用西洋文字卻只是顯現本身的無知淺薄，感覺仍帶有些日本氣息。由此可知，了解事物的根源及文化背景是非常重要的。

話說回來，日本車在全球的銷量雖然不錯，但是很少能打造出如法拉利那樣成功的品牌。有人說：「日本的國土那麼狹小，不適合開法拉利啦。」可是義大利的國土也沒多大。

山口 義大利的國土反而還比日本狹小啊（笑）。

水野 何況義大利的石板路那麼多，更不好開車（笑）。

義大利的國土面積跟日本差不了多少，卻可以用歐洲車成功打造品牌的理由之一，便是山口先生剛剛提到日本的汽車製造商，或許是沒有考慮到歷史及文化就馬上轉向功能與文明發展，才無法做出美麗的外型。

除此之外，我還想到一個理由，那就是日本車的標誌，幾乎全是英文簡寫。

山口 確實如此，像是T、S或H。

水野 不是英文首字母的車廠只有速霸陸（SUBARU）和三菱（MITSUBISHI）。我很喜歡淩志（LEXUS），也覺得它們的車子很不錯，可是淩志的「L」標誌，我老是看成片假名的「レ」。

山口　看起來也像是思夢樂（しまむら）服飾的「し」（笑）。

水野　汽車製造商要是聽到這番言論大概會翻白眼吧（笑），但我覺得這就是無法成功打造品牌的關鍵之處。

歐美的汽車標誌很少直接採用簡寫的英文字母。福斯汽車（Volkswagen）雖然是以VW當標誌，但那是經過精心設計、由兩個字母組合而成的商標。大多數標誌不是文字，而是動物或盾牌。

我覺得這是日本的公司沒辦法在決定標誌的過程中結合概念的緣故，所以只能仰賴文字。例如：在會議上提出以動物當標誌，就會有人說：「我們為什麼要用老鷹？」「豹是動物吧？跟車子有什麼關係？」在這種情況下，直接選用簡寫字母就很簡單明瞭。

山口　「我們公司叫本田（HONDA），所以標誌就用H」，這樣就很有說服力了。

像「NISSAN」就是直接照用文字。

水野 不過，這也許就是無法建立品牌形象的原因。在外國人眼裡，以文字來當標誌應該很土吧。如果換個立場就會明白。就像我們覺得西洋字很酷一樣，有的國家也會覺得漢字很酷而把它當成標誌。要是有個叫做「MIZUNO」的汽車製造商用漢字「水野」當標誌，我會受不了（笑）。

山口 搞不好會用「水」。我的話就是「山」吧（笑）。

水野 「水」跟「山」，感覺好像密碼（笑）。附贈紀念品或許是印著「水」字的T恤，有種像是懲罰遊戲的感覺啊。

山口 這些標誌在缺乏文化素養的人眼中就只是圖案而已，但是在有素養的人看來則十分有意義。尤其是歐洲的徽章，每一個圖案一定有它的含意，例如：汽車品牌愛快羅密歐（Alfa Romeo）的標誌便含有豐富的內容。

水野　裡頭有一條食人蛇，仔細看還真有點嚇人啊（笑）。

山口　那本來是米蘭的領主維斯康蒂（Visconti）家族的家徽，也是十五世紀米蘭市的市徽。愛快羅密歐早期的標誌還有「MILANO」字樣。

食人蛇象徵參與十字軍東征的維斯康蒂家族，被吞食的人是薩拉遜人（Saracen），也就是當時進攻歐洲的穆斯林。歷史、貴族的自尊、對城市國家米蘭的鄉土情懷，以及抗敵衛士的驕傲，全部囊括在一個標誌裡。

從這一點來看，超人胸前的「S」就有些微妙，這未免太直接、太單純了。小朋友的幼小心靈可能會產生疑問吧，「氪星（Krypton）[8]也有英文簡寫嗎？」（爆笑）。

再回過頭來說日本，不僅汽車標誌如此，有些場合也傾向以長篇大論說明功能及優點。

水野 我的公司「good design company」也是超直接的（笑）。原本的意思大概就是透過設計讓世界更美好，這就是本公司的功能（笑）。

山口 我是覺得設計公司不太一樣，不過，取名為「日產汽車」的話，倒是讓人一看就知道這家公司是做什麼的。

水野 這算是國民性嗎？我們的腦袋怎麼就那麼死板啊？

山口 與其說是國民性，倒不如說是能明確傳達這是「日本企業」。直接把功能當成公司名稱，比較容易達成共識吧。

關於這一點，美國有不少公司光是看名稱根本不知道它是哪個行業。例如：「Google」這個名字夠怪了吧？那是將錯就錯，把拼錯的單字直接當成公司名稱。據說他們當初在研發搜尋引擎時，本來是想用數字1後面跟著100個零的「googol」當作網域名稱。結果不小心拼成「google」。後來由於googol這個網域名稱已經有其他人使用，所以乾脆直接把「google」當成公司名稱，算是一種玩心吧。

水野 「亞馬遜」這個名稱也很奇妙。對設計師來說，我覺得美國公司的命名方式非常棒。

8 編註：DC漫畫中一顆虛構的星球，是超少女和超人的故鄉，以氪元素命名。

被電線切割的日本美學觀念

山口　我雖然不是水野先生那樣專業的設計師，但是對於設計（包括字體在內）與文化結合的觀念，我覺得我們的想法很相似。最令我感到「甘拜下風」的是葡萄酒的酒標。

例如：法國葡萄酒，即便是價格不太昂貴的熱銷品牌，但仔細看看他們的酒標，製造者的姓名自不用說，就連年號的羅馬數字字型與字距、編排，全部令人覺得「超級完美」。現在常見的玻璃瓶裝葡萄酒，據說是從十七世紀才出現的，當時可沒有設計師這種職業，但是釀酒師和他身邊沒受過專業設計訓練的人卻能設計出如此完美的酒標。

佛羅倫斯的百花大教堂牆上畫了許多徽章吧。每一個徽章都用拉丁語和羅馬數字編排得非常漂亮。我看到那些徽章時，真的感到無比挫折。

另一方面，在佛生會[9]看到京都知恩院的三門上垂掛著的巨大布幕，實在美得令人震撼。三門的木材因褪色所呈現的黑色，與石板路面的灰色所構成的黑白畫面，搭配著繪有白色紋飾的搶眼紫色巨大布幕迎風搖曳的情景，只能以「超級完美」來形容了。不可思議的是，這份感性與美學觀念竟然沒有反映在產品的商標及設計上。

水野　安土桃山時期不僅誕生了集精華之大成的琳派[10]作品，也出現了文化上極盡「侘寂」[11]的美學，照理說，日本的設計應該遙遙領先世界。

然而，日本卻走到今日的地步，或許跟戰敗有關，又或者與培里突然來臨[12]有關吧。也許是出現了一個「輸給歐美文化」的分歧點吧，感覺日本從那之後一直處在感冒的狀態一樣。

山口　在西洋建築前景渺茫的二十世紀前期，德國建築師布魯諾・陶德（Bruno

Taut）來到日本，經別人介紹參觀了桂離宮[13]之後不禁感動得潸然淚下。桂離宮猶如范斯沃斯宅（Farnsworth House）以極簡裝飾與飄浮在空中似的框架結構所形成的簡約立面，讓陶德得以從另一個角度思考「後現代主義」。

戰敗的我們迷戀並追隨著西洋歷史，而西方國家卻在不知未來該何去何從之際，反倒從往昔的日本發掘出新的觀點，還真是詭異的循環。

水野　范斯沃斯宅是路德維希．密斯．凡德羅[14]（Ludwig Mies van der Rohe）在一九五〇年代設計的私人住宅，在我們看來也是屬於影響世界的一方啊。姬路城和桂離宮都是安土桃山到江戶初期的文化遺產，是很久很久以前過往的榮光了（笑）。

山口　最近有一件事情讓我感到很震驚，就是七個先進國家首都的電桿和電線下地率。紐約、巴黎、倫敦、柏林的電桿電線下地率幾乎達到百分之百。巴黎和倫敦甚至在一九三〇年代就已經將電桿電線全部改為地下化。反觀日本的電桿下地率，頂多才二〇％，在七個先進國家裡敬陪末座。全球各地有不少人感嘆「日本人非常有美學觀念」，實際上並非如此。因為日本人竟然能忍受那麼醜的東西出現在地面上。

水野 我忍不住想，到底有多少風景被電線糟蹋？天空都被那些黑線切割了。

山口 「電線很漂亮，電桿很帥氣，所以要把它當成文化的一部分保留下來。」我想應該沒有人會這樣說吧（笑）。戰前的巴黎和倫敦的人們很可能就是嫌這些東西不美觀，「把那些東西埋到地下去」，二話不說索性就動手處理了吧。

水野 東京都也計畫將日本橋周邊的首都高速公路地下化，不過這是最近才被提出來討論的事。

山口 一九六四年東京奧運時期，因為有許多外國人會來，為了讓羽田及橫濱到市中心之間的交通順暢，必須完善道路基礎建設，所以興建了首都高速公路。不過，要一一收購周邊土地相當耗時，在地下建造高速公路也很花錢，於是有人胡亂建議，「乾脆從河上穿過去，把河川埋了吧」，就這樣形成東京現在的風景。在先進國家中，居然有這麼不美的「沿河」國家，也真的是很罕見啊。

換句話說，東京這座城市就是以「實用」為目的而濫造的產物。一九五〇至一九八〇年代左右的三十年間，就是如此著重基礎建設與便利而輕蔑了文化。電線與首都高速公路已經完全背離桂離宮時期的美學觀念。

水野 這一點與現代社會的結構完全一樣。山口先生所著的《開給劣化大叔的處方箋》（暫譯）一書裡有詳細解說，這就是所謂的「大叔」[15]思想吧。

山口 沒錯，就是「大叔」思想（笑）。

水野　如今的狀態，便是整個社會瀰漫著一股對成功經驗念念不忘的「大叔」思想。

就像電桿與電線地下化一樣，明明沒什麼人反對，不知道為什麼，這項專案就是無法順利推行；日本企業也有這種情況。舉個例子，有的人在日本智慧型手機的廠商工作，自己卻是拿著 iPhone，因為看起來比較酷。若是對他們說，「請選擇喜歡的電腦」，他們就會去拿麥金塔電腦（Mac）（笑）。

儘管如此，業務上還是繼續製造比不上 iPhone 或 Mac、一點都不酷的產品。明明所有人都知道「我想做的不是這種東西」，但為什麼就是不能改變方向、製造出酷炫的東西呢？我常常跟廠商討論，問題到底出在哪裡。

9 譯註：在佛陀誕生日（四月八日）舉行的法會。

10 譯註：造形藝術流派的名稱。「琳派」之名取自尾形光琳，特色為色彩豐富、裝飾性強烈，使用金銀箔為背景，構圖大膽，反覆使用圖案型紙及「溜込」（在底色未乾之時即塗上另一種顏色，達到兩色互相融的特殊效果）等技法。題材以花木、草花居多，但也有人物故事畫、鳥獸、山水或若干佛畫。

11 譯註：「侘寂」是複合詞，侘（Wabi）指出世離群的幽閒生活方式；寂（Sabi）有「寒」、「貧」、「凋零」等意思，常指藝術和文學等事物。侘寂之美有時被描述為「不完美的，無常的，不完整的」，特徵包括不對稱、粗糙或不規則、簡單、經濟、低調、親密和展現自然的完整性。

12 譯註：美國海軍准將馬修・培里（Matthew Perry）於一八五三年率領艦隊駛入江戶灣浦賀，要求江戶幕府開國。

13 編註：桂離宮是日本十七世紀的庭園，位於京都市西京區，是早年王室賞月的地方，兼具日式建築與設計。

14 德國出生的建築師。近代建築風格代表人物之一。提倡以玻璃及鋼材建造高層建築，也是包浩斯（Bauhaus）最後一任校長。

15 意指執著於陳舊價值觀及成功體驗、欠缺學習精神的人。

即便無法用言語說明，也要有贊同的勇氣

山口　人們無法完全擺脫大叔思想，大概跟勇氣有關吧。畢竟在提出建議的時候，自己就得當責（負起完全責任）。

水野　在提出專案或企畫的時候絕對避免不了這個問題。

山口　是啊。假設提議引進新型新幹線，並加以說明：「過去從東京到大阪要花兩個半小時，現在只要花一小時。」由於這是可以量化來呈現價值，所以一般人也比較容易了解。如此一來，與會的大家也許就會一致贊成：「這樣做比較好。」至少籌劃的人不必鼓起勇氣咬牙提議：「我們來做吧。」

水野　確實如此。

山口　可是在提議「首都高速公路地下化」時，確實很難向人們解釋其利益，畢竟這無法像「運輸效率能提升多少」那樣，能以數據呈現或明確表達便利的程度。

若是有人問：「這麼做有什麼好處？」也只說得出美觀或維護傳統等理由，像是：「浮世繪裡有描繪日本橋，可見這是日本人眼中極為重要的紀念建築；但是首都高速公路會糟蹋破壞了如此美麗的建築。」因為只能以抽象的言論反駁，所以大家很難達成共識，最後只能勉強以「因為我是這麼想的」理由來搪塞。若是以當責的觀點來看，就等同於零分，簡直就像「青年的主張」[16]一樣。

不過，現在不就是個性與文化的世界嗎？「我認為電桿一點也不美觀，跟這座城市一點也不搭。」就像能接受年輕人意見的巴黎或倫敦，這些城市裡說不定也有鼓起勇氣提出建議的人以及懂得包容的人吧。

水野　我做的簡報通過機率非常大。啊，只有一次，明明都通過了，對方事後竟然用「命理師說不行」的理由被打回票（爆笑）。姑且不管命理師怎麼說，聽了山口先生說的話，我覺得可以歸納出自己的簡報為什麼會特別容易通過。

就我的經驗來說，企業方如果不能認同簡報的內容，就不能說是一件「好案子」。因此，就算只是設計一個商標，我也會翻閱所有相關資料並且徹底研究，所以我才會說我的簡報是「研究發表」（笑）。我習慣徹底研究資料或是實際走訪當地之後再加以解說：「這項產品本身具有這種歷史背景，產品名稱有這種含意，所以商標適合採用這款有相同歷史淵源的字體。」如果不這樣做，我也無法對自己交代啊。當然，我的提案不會只拘泥歷史或地域等因素，但我會說明為什麼會這樣設計的理由。

於是，企業方都表示：「聽了水野先生的說明，就決定用這個商標了。」我製作的產品雖然屬於文化層面，不過，我會盡量用言語解釋它的優點在哪裡。

山口　對方如果選擇困難，這個方法也很有效啊。感覺日本似乎沒辦法接受年輕人的主張，或者整個社會充斥著一股「不允許有人主張『我是這麼想的，所以應該這麼做』」的壓力，也就是說，一般人對於難以用外在理由解釋的事物，會不太容易取得共識。

假設水野先生沒經過調查就提出了「最完美」的設計，在提案時沒有特別解釋緣由；而企業方的年輕人卻表示：「雖然看不太懂，但是很酷，這肯定是最好的設計！」輕易地接受了提案。我想，公司的那群大叔一定覺得很悶吧（笑）因為這群大叔無法用言語說明「為什麼很酷」，所以也沒有勇氣肯定說「這個很好」。

16　譯註：「NHK青年的主張全國大賽」之略稱。日本NHK自一九五六年起於每年成人禮所舉辦的年輕人論文比賽。

為什麼選不出來「這個很好」呢？

山口　水野先生提出設計案後，要求客戶做決定時，對方實際上都不會立刻說YES或NO吧？他們應該是會觀察周遭人的神色，揣測「大家覺得這個好嗎？」

水野　山口先生，你是不是躲在柱子後面偷看我簡報啊？（笑）。真的就像你所說的，我常常遇到企業方難以決定的情形。有時候現場氣氛就是「為了保險起見，請你再設計一、兩個方案來比較看看吧。」

不過，既然設計案的簡報是做成「研究發表」等級的，要再建立另一種假說的時候自然也要有憑有據。就算以多數決的方式無異議通過，要再另外設計其他方案，但如果沒有實質的建議，新的設計也一定行不通。

有時也會遇到這種情形：「話雖如此，但還是看看其他方案後再來選吧。」

這時候，我會解釋：「要選擇哪一款設計本來就是非常困難的。」因為那個人要對歷史及背景了解到足以成為研究發表的地步，才有辦法選擇。因此，我會再告訴對方：「所以不用等我再做幾個方案出來，請直接挑選喜歡的或感覺不錯的。請先聽我把話說完，接著再請你們提供意見，說說哪裡不合適、哪裡需要再加強。如果還是需要製作另一個方案，我希望可以根據這些意見再另行設計。」

山口 設計總監川崎和男先生也是只會提出一款設計案，他老人家說：「我思前想後、左思右想，最後的結果就只有這一款。」如果對方詢問：「還有其他方案嗎？」他會不發一語轉身走人，脾氣硬得很（笑）。

水野 他真強（笑）。我倒是很能忍（笑）。我會反問：「你說其他方案，大概是什麼樣子的？」結果對方提出來的，全都是我們老早嘗試過「行不通」的點子。像那種點子，我們雖然不會提案，但是會當成資料帶過去，反正是「研究發表」，我手邊有一大堆在研究過程中淘汰掉的廢棄案（笑）。我會拿出來給對方看：「你說的是這個吧。」並且說明：「我早就試過那個點子了，因為這樣的理由把它淘汰了。」

舉前面的例子來說，如果大家知道「汽車的原點是馬車」這項文化背景，這個具有馬車背景的車體設計提案肯定會一路過關到社長做出最後決定。可是在沒有人了解歷史及文化背景的情況下，就只能根據「莫名感覺」或「喜好厭惡」、「這樣設計應該會熱銷」這種不著邊際的「感受」來決定。

設計時如果沒有設定主題框架，就會無止盡地延伸，所以我藉著徹底研究主題，並以研究發表的方式來達到理想的設計。

山口　有些人不習慣自行判斷做出選擇吧，這一點或許就是日本人的弱點。

關於這個，我想到日本遊戲廠商KAYAC。那間奇妙的公司據說有一陣子想開畫廊，於是就在自由之丘開了一間，而且是CEO柳澤大輔先生自己當老闆。

水野　感覺還滿適合的啊！（笑）

山口　柳澤先生曾說，外國人買藝術品的樣子很有趣。他說，有個住在附近的太太帶著小孩路過畫廊，進來看了一會兒就說：「給我那一幅。」感覺就像買菜似的。那可是要價二十萬至三十萬日圓的畫啊。

相較之下，日本人大概會瀏覽過一遍，才開口問：「哪位畫家的畫賣得比較好？」為了避免受騙而小心謹慎地確認評價，會這樣做就是因為無法自行判斷。

也許是素養方面的問題吧，我覺得大多數日本人缺乏「自己能夠判斷是好是壞」的創意自信（Creative Confidence），結果導致無法發揮創意領導（Creative Leadership），成了難以在美感上居於優勢的絆腳石。

水野　日本人在跟創意有關的自我判斷與技能上的確缺乏自信。就像山口先生所說的，沒有勇氣自行判斷，更無法表達意見，說「這個很好」——真的是這樣啊。

我曾寫過《品味，從知識開始》（中文版為時報出版）一書，裡面也談到日本人對於「品味」產生自卑情結，確實已經根深蒂固。

我還有一個簡報經驗，就是「因為『不懂』才『說廢話』症候群」。這種情況出現在提案中的〇〇似乎很受年輕人歡迎，可是有人對〇〇不了解，也不懂它好在哪裡，自然就無從判斷這個點子是好是壞。這時候，這個人由於說不出「我不懂它好在哪裡」，但是什麼都沒說的話又顯得自己沒參與工作。

山口　結果只會無的放矢：「呃，還是把功能說得詳盡一點比較好吧？」（笑）

水野　是啊。當有一個人說出這種話後，後面的人就會跟著附合，亂講一氣，要是全部照他們說的去做，事情有可能變得糟糕透頂（笑）。為了避免這種情況，還是先做好萬全準備，以便說明理由。

不過，愈優秀的人愈會坦承「我不懂這個」。以我的經驗來說，優秀的頂尖人物最常說：「我對這方面完全沒有涉獵，請你告訴我詳細一點」、「我這個年紀實在不懂這些，但感覺應該不錯，一切就拜託你了」。懂得愈多的人，愈了解自己能夠判斷的「範圍」，所以可以泰然自若地詢問自己不懂的事情。

企業克服猶豫不決的兩種方法

水野　企業裡一群沾染上「大叔」思想的人，無法鼓起勇氣自行判斷的理由還有「因為是終身雇用制，不希望為難別人」、「有些原則應該堅持」，所以才會說一堆廢話（笑）。不論理由如何，我們的工作也包括幫助企業克服猶豫不決的問題。而我研究出來的方法……。

山口　是研究出來的啊（笑）。

水野　一個是「黑船來了」的戰術。培里率領艦隊來臨時，諸藩即放下過往紛爭立刻同仇敵愾。有一道問題說：「如何消弭地球上的戰爭？」我最喜歡的答案便是：「等外星人侵略地球。」雖說為時尚早，但這個方法是利用外來的壓力來改變，例如：產業面臨不得不變的局面、與海外競爭等等。

另一個是「勇往直前」戰術。由高階主管做出精準決策，並採用由上而下（Top-down）的方式傳達指令。具體而言，便是在公司內部建立「創意特區」，並指示現場第一線的業務人員及技術人員遵照特區的規則行動。

山口　「勇往直前」這句話是三得利（SUNTORY）創辦人鳥井信治郎先生所說的吧，直到現在，這句話也是那間公司的基本方針與經營理念。

我覺得三得利是一兆日圓企業裡最會製造無用之物的公司。畢竟造的是酒類嘛，愈賣愈沒什麼用（笑）。

水野 尤其是現代，注重養生而選擇「不喝酒」的人愈來愈多啊。

山口 因為日本的公司幾乎都在追求實用之物，所以像三得利這樣的公司就顯得十分獨特。

水野 與我有合作關係的相鐵集團與三得利的作風雖然大不相同，不過他們也是採用由上而下的方式。

二〇一三年，丹青社來找我洽談工作；我們後來一起合作了相鐵鐵路部門的品牌經營專案。丹青社那時候對我說是「鐵路公司的工作」，我詢問是哪一家公司，結果是「相鐵」。我聽了之後的反應則是「哇喔」，因為我是在茅崎長大的神奈川縣民[17]（笑）。

我要在此真情告白，相鐵線對我們當地居民來說，是一條很老土的鐵路。因為二俣川站有個駕訓中心，所以神奈川縣民至少都會搭過一次，不過由於這條鐵路土氣得很，所以才令人無比眷戀。相較之下，同樣經過橫濱的東急線便給人新穎時尚的感覺。

如此土氣的相鐵線因應少子化與高齡化，決定提高鐵路沿線的價值。由於二〇一七年是相鐵創立一百週年，再加上二〇一九年度ＪＲ直達線以及二〇二二年度東急直達線這兩道「延伸至市中心」的催化劑影響下，綜合種種因素足以構成外來壓力，迫使相鐵必須做出改變。

山口　所以相鐵從車體、制服到車站，全都得重新設計。

水野　是的。這項專案在初期委託的項目更瑣碎，幾位負責人一開始便說：「以前不是這樣做的」、「你先設計幾個方案出來，我們在會議上討論啊」。不過，當我正式加入，著手改變幾個項目後，高階主管的腦袋結構一下子變成由上而下的方式。

當時的社長林英一先生，總是會說：「這個請水野先生看過了嗎？」我也常說：「趁著還沒亂搞之前，請先給我看看。」（笑）。如今我負責的除了鐵路相關項目之外，還包括廣告宣傳、旅館事業、沿線開發等相鐵集團所有品牌設計，甚至連股東大會的資料也都會讓我確認（笑）。

山口　相鐵能如此包容並看重委外人員的意見，也是很了不起啊。

水野　或許相鐵有「勇往直前」這種文化吧，懂得信任員工並交由現場第一線做決定，所以才會找我成立「創意特區」，直接與高層溝通，因此得以順利推行專案。

每項專案都各自成立團隊，鐵路方面便是由丹青社的洪恆夫先生與我擔任創意總監，與相鐵全體員工一起展開「品牌設計提升計畫」（Sotetsu Design Brand Up Project）。在我們的監修之下，制服由造型師伊賀大介先生負責、車廂由產品設計師鈴木啟太先生與GK Design負責，同時也根據需求邀請外部專家協助。

我們還成立「Image Up Project」負責廣告宣傳及PR，由我擔任創意指導監事，並請文案達人蛭田瑞穗先生研擬文案及聲明。

利用外來壓力，成立由上而下型的創意特區，這就是幫助企業克服猶豫不決問題的訣竅。還有可以好好利用外部人員（笑），像員工有些事情不方便直接跟主管說，就常來拜託我：「請水野先生代為向主管轉達。」（笑）。

17 譯註：「相鐵」是神奈川縣相模鐵路的簡稱，為貫穿神奈川縣的中樞鐵路。

產品不能只講求實用，也要讓人感興趣

山口　經營學家楠木建先生曾說了一句有趣的話：「優秀的經營者，在面對事物時要能與自己建立關聯。」進一步說，便是能勇於說出「我討厭這個」、「我喜歡這個」，忠於自我。

一九六〇年代最有價值的是「實用」，而在一九七〇年代的標準作法則是透過市場調查了解眾多顧客的喜好，並且盡量根據人們的需求製作及銷售產品。為了擴大商機，便想盡可能消除消費者的欲求不滿。因此，首要之務就是聆聽「顧客的不滿」。在那樣的時代，不會有人要你表明「自己的喜好」，若是主動說出來，別人也只會回一句：「我又沒問你的個人意見。」

然而，如今的時代就算製造產品也賣不出去，因此需要的便是忠於自我。我認為賈伯斯就是個相當忠於自我的人，而忠於自我就能帶來有趣的力量。

儘管如此，我卻覺得不少人一味尋求正確答案，而拔掉了接收有趣事物的天線，所以變得無法表達「我覺得很酷，這個很好」，反倒受限於「這產品是否實用」的想法而停滯不前。

話說回來，所謂的「客觀」與「主觀」，若是從商業活動來比較的話，大家容易認為「客觀」屬於正面的；「主觀」則是屬於負面的。當發表的人說「這是客觀資料」時，是為了讓自己的主張看起來具有正當性而採用的說法；而提到「那是主觀意見」時，則具有負面含意。

可是進一步查詢漢字的原本意義時，就會知道「客」代表「不重要」的意思。因為它不是「主」。至於「主」的意思，則是「重要的、核心的」。例如：主題、主要、主都[18]。換句話說，「主」＝「主要、重要、主宰者」。因此，如今的商業活動過度重視「客觀」，是相當嚴重的問題。

水野　我非常認同。

山口 我想到一個最具代表性的例子，日本真正開啟搜尋引擎服務的是ＮＴＴ。ＮＴＴ於一九九五年推出「NTT DIRCECTORY」服務，而Yahoo! JAPAN於一九九六年開站。

由貝佐斯創辦的亞馬遜在早期只販售書籍的那段時期，ＩＢＭ也展開了「世界大道」（World Avenue）電子商務服務。

是不是很神奇？ＧＡＦＡ[19]這些新公司當初規模都非常小。他們剛成立時，其他大公司也在著手進行同樣的事，並且財力、人力及品牌都佔優勢，結果大公司卻敗給了新創企業。我覺得這是大公司缺少了熱忱的緣故；如今的時代，熱忱可以顛覆一切。

水野 以前確實需要足夠的財力，才能網羅資訊與人力，這使得企業築起了高牆，所有的一切都得由公司內部自行供應。但是現在情況不同了，企業資源齊備已不再是事業成功的必要條件。

山口　即便缺乏人力、物力、財力也無所謂，有沒有熱忱才是最大的競爭力，我認為這就是現在的趨勢。如今不僅利率下降，也能運用各種科技填補缺乏資源的問題，因此企業之間資源的差距不再是影響競爭優勢的關鍵。另一方面，在各種物質氾濫的狀態下，「忍不了飢餓的人」一旦佔多數，熱忱便成了最重要且稀有的企業資源。

18　譯註：中心都市、大城市之意。

19　取谷歌（Google）、蘋果（Apple）、臉書（Facebook）、亞馬遜（Amazon）這四家公司名稱的首字母組合而成。

日本催生出世上所有的一流品牌？

水野　面臨「該選擇哪一個」的時候，沒有選擇讓自己心動，而是選實用的物品，這才是問題吧。

我在慶應義塾大學講課時，最常使用鐘錶來當案例。據說腕錶起源於十九世紀初期，現在很受歡迎的山度士（Santos），便是喜愛科幻小說與飛機的山度士．杜蒙（Alberto Santos Dumont）請友人路易．卡地亞（Louis-François Cartier）設計的，他說：「我想要一支能在飛行時配戴的腕錶。」由此可知，「捲在手腕上也不會壞掉的腕錶」，這項實用價值早在一百多年前就有了。

在此前提下，我便以「對排成一列的江戶人簡報腕錶」為課程主題。

「A款腕錶便宜又耐用，晚上還有夜光功能，此外還可以用太陽能充電，不必更換電池。」「B款腕錶非常昂貴，弄濕了就會壞，還得自己上發條，不然分針就會停止不動，而且還必須常常拿去鐘錶店維修。」

若是按照以上的說明，江戶時代的人肯定全都會說：「當然選A啊！」日本是到了幕末時期才開始使用懷錶，當然沒有所謂的腕錶，這點非常有意思。順帶一提，A款是G-SHOCK，B款是百達翡麗（Patek Philippe）（笑）。

山口　江戶人可能會很喜歡G-SHOCK，說不定售價還比百達翡麗還高。「好厲害！這什麼玩意啊！刻度還是立體的！」（笑）

水野　我覺得這就是先達到文明再追求文化的典型例子。還在發展文明的江戶時代，人們自然會認為G-SHOCK的各項機能真的好厲害，但是現在對於想要的不是文明，而想追求文化的人，自然會選擇百達翡麗。

山口　嗯，我懂。聽了水野先生說的話，我想起了一件事，現在的高級名牌鐘錶原本是來自瑞士一家不起眼的工作室，他們起初也沒考慮太多，只是想打造實用的鐘錶。

後來逐漸想追求更高水準的機械工藝，於是轉為鑽研齒輪機械，打造更精巧複雜的產品。寶璣（Breguet）發明了可將重量均勻分散的「陀飛輪」（Tourbillon）裝置，勞力士（ROLEX）也製造出自動上鏈機芯的「恒動」（Perpetual）腕錶。

水野 不需要調整日期的「恒動」腕錶，在當時是一項創舉吧。它的內部結構全是由齒輪組成，與其說是天才工藝家所為，不如說是天才發明家的鬼斧神工。

山口 當瑞士朝著「實用」之路勇往直前，接下來登場的便是日本。「我們別用機械結構了，用石英不是更好嗎？這樣可以把腕錶做得又便宜又小巧啊！」人們的想法大概是這樣吧？

水野　所以，精工錶（SEIKO）登場了。由於他們公開技術專利，廉價石英錶因此在一九七〇年代襲捲全世界，而此舉卻重創了瑞士的鐘錶業。

山口　確實如此。瑞士追求的是齒輪機械的技術革新，但是製造工序十分繁瑣，導致鐘錶價格飆升到兩百萬至三百萬日圓。當日本能夠精確且大量製造要價五萬日圓的鐘錶，深感挫敗的瑞士，在內部也出現了爭議：「我們要不要也轉向製造五萬日圓的產品？」

不過，考慮到自身的組織能力與一群長年工作的工匠，最後得出的結論是：「我們一定要採取不同的策略，否則無法保護鐘錶產業。」

瑞士最後改變方針，開始製作讓配戴者感覺有價值且能展現自我的腕錶，於是之後便誕生了輕便款的 Swatch 以及勞力士的運動錶，或是奢華的寶璣、價值上億日圓的理查德．米勒（Richard Mille）腕錶。當然也有些公司已退出競爭行列，但我認為退出以「實用」決勝負、轉向「有意義」之路的鐘錶製造商，正是能成為一流品牌的主要因素。

水野　這不是很厲害嗎？可能就是因為有日本人，地球上才有所謂的「品牌」概念吧。

日本如今也必須朝品牌化發展

山口　催生品牌的契機很有可能是因為日本人。至少可以說，包括水野先生剛才舉例的鐘錶在內的三種產業，能誕生出一流品牌的背景都是在日本加入該產業之後所引發的危機意識。

第二個是相機。起初也是以「實用」一較高下，像徠卡（Leica）與Rolleiflex也純粹是設計來做為記錄用的工具。

水野　徠卡是在二十世紀初期誕生的。如今雖然成了富有韻味的時髦玩意，當時也許僅是質樸耐用而已，畢竟是德國公司的產品啊（笑）。

山口　我也很喜歡相機，雖然想著「好想買徠卡啊」，但是包含全片幅鏡頭就要兩百萬日圓。當我問專業攝影師：「徠卡的性能如何？」他卻說：「這個嘛，你還是買佳能（Canon）吧。」（笑）。

水野　到現在還是有人願意以高價收購狀況不錯的復古徠卡與 Rolleiflex 雙眼相機。不少人費盡心思想要收藏啊。

山口　相機產業也是如此，當歐洲以「實用」起步逐漸邁向成熟階段，聰明機靈的日本人便在此時登場，祭出「不易壞又拍得美，且能大量生產」的低價相機，採用與鐘錶完全相同的模式。

「你們這些在相機產業『實用領域』打拚的傢伙，我們要來佔地盤了，快點讓開！」初來乍到的東洋外來客來勢洶洶，那些生產實用但沒有意義的相機製造商便應聲倒地，從市場上消失。

水野 原來如此，徠卡為了求生存而朝著高級時尚、可象徵身分地位的方向發展，所以它並不是天生麗質，而是靠後天努力才變成帥哥的（笑）。

我因為職業使然，手邊有各家廠牌的相機和鏡頭。徠卡鏡頭的散景效果十分驚艷，確實非常好，可惜機體太沉重了，所以我平時最常用索尼（SONY）的α7無反光鏡機體搭配徠卡鏡頭。不過，去國外出外景時，要是有人對我說：「你的相機真不錯！」當時我用的機體肯定是徠卡。曾經有個酒吧老闆看到我的徠卡相機上的紅色標誌，便以「你是內行人」為由請我喝一杯（笑）。

山口 與鐘錶、相機同樣受到日本的刺激，而朝品牌化發展的還有汽車。日本在一九七〇至八〇年代期間，推出廉價耐用且高性能的日本車，汽車產業隨即面臨與鐘錶、相機同樣的問題。

保時捷也是在這段時期陷入嚴重的經營危機，Porsche 911 Turbo自一九七四年問世後，十五年來未曾改變車型。曾是保時捷眼中搖錢樹的美國市場，如今已被日本車搶去，在經營環境如此嚴苛的情況下，也無力開發新車款吧。

不過，或許正因為有了這個危機，保時捷如今才能成為知名品牌。「我們絕對無法從價格與性能上打贏日本車，不如讓顧客購買真正有價值的產品。」成功改變經營方向的公司，就能贏得生存競爭。未能成功轉型的汽車製造商勞斯萊斯（Rolls-Royce）與奧斯頓．馬丁（Aston Martin）、捷豹也在過去多次被擊垮，自一九八〇年代便從英國的舞台上消失。

水野　確實如此。奧斯頓．馬丁併入福特的時期相當長，如今的勞斯萊斯也併入BMW、捷豹則是併入印度的塔塔汽車（Tata Motors），再也不屬於英國公司了。

至於路華（Rover），甚至連公司及品牌都不復存在了。
話雖如此，英國車系中能捱過生存競爭成為頂級車款的，感覺像是共同朝品牌化發展的歐洲汽車產業所造就的。

山口 七〇年代最具特色的歐洲汽車本來只有勞斯萊斯，而一般人只要「稍微有點錢」就能買得起捷豹。
不管怎麼說，提到「實用」這項價值，歐洲車基本上拚不過日本車。說到這個，我結婚的時候，開的是一九七〇年左右的愛快羅密歐 Giulia Super 車款。

水野 還真是一點也「不實用」的車（笑）。

山口 那時候哪會考慮實不實用啊。後來我把剛出生的孩子放在後座的嬰幼兒座椅上，開上高速公路時竟然自動煞停，這部車未免太有個性了。

我父母知道這件事後破口大罵：「你想害我的寶貝孫子啊！把那部車給我賣了！」於是我對老婆說：「不必管其他人怎麼說，買妳喜歡的車子就好。」之後她選的便是凌志。我們家就從「不實用但很有意義的車」，轉換到「沒什麼個性但很實用的車」，我就這樣親身體驗到了車子的發展史。

話題岔開了，不過，鐘錶、相機、汽車，這些例子似乎可以驗證日本登場後催生品牌化的這項假設吧。

水野　那是當然的，而日本現在的處境，與七〇、八〇年代的歐美各國完全一樣。也就是追求「實用」，卻徹底陷入了僵局吧。

像韓國不斷製造廉價且高性能的電子產品，中國的DJI無人機也非常優秀，其他的亞洲國家或許也會製造出極為符合「實用」文明的廉價產品。日本過去對歐洲所做的事，如今遭到亞洲其他國家反噬，這有可能成為促使日本朝向品牌化發展的催化劑。

山口 確實如此。未來的公司會分成兩大類，一種是認為「必須朝有意義的世界發展，不然就糟了」的公司，於是切換開關，朝品牌化發展；另一種是繼續在「實用的世界原地打轉」的公司，最後逐漸從舞台上消失。我想，三洋和夏普就是步上英國汽車製造商的後塵。

能夠順利找到出路的話，便能朝品牌化發展而贏得生存競爭，所以我認為還是有希望。

另類實例 BALMUDA

山口 提到「有意義」的公司，我常以 BALMUDA（百慕達）為例。別家公司的產品只要花兩千日圓就能買到，BALMUDA 卻推出要價兩萬日圓的烤麵包機，甚至讓營業額在十年內成長一〇〇〇%。我覺得這就是一種潮流吧。

不在意功能，而是追求「有意義」的小眾市場，並透過社群網路的力量將產品送至小眾手上。若是放眼整個世界市場，即使是小眾，分母的規模也不容小覷。與其動用廣告代理商的力量賣給所有日本人，還不如賣給世界上更多人（笑）。

我認為日本整體產業所面臨的挑戰，便是當公司成功朝品牌化發展、能夠以獨特的個性在世界舞台上一較高下時，到底該由誰來策劃。如水野先生前面所提到的，企業裡的人大多數都不擅長自行判斷，所以才會借助水野先生這樣來自外部的獨立設計師或創意總監、廣告代理商的能力。

我平時會慫恿電通和博報堂的朋友：「你應該做創造意義的工作。」（笑），但是廣告代理商注重的卻是「人工智慧（AI）推行專案」或「大數據企畫室」這類實用方針，感覺創意和實用這兩者試圖在不對稱的路線上一決勝負。

水野　創意總監的職責是「用新的方法創造意義」，這也是「打造品牌」的其中一環。

如果想要成功打造品牌，我覺得最順利的方式就是像山口先生所說的，聘請外部的創意總監。我自己就是以創意總監的身分，與各式各樣的品牌及企業合作。

有些企業是由最高領導者或高階主管擔任創意總監或負責創意設計。例如：蘋果有賈伯斯，BALMUDA 的寺尾玄先生也屬於這類人才。

總而言之，當務之急是要增加懂得「用新的方法創造意義」的人才。

要出現領導者，得要有追隨者

山口　我認為「用新的方法創造意義」，與領導理論息息相關，日本往後需要的是提升美感以及創意領導。

與此同時，一般也常提到「缺乏領導者」或是「領導者期望論」，但我不禁懷疑，真的是這樣嗎？

水野 你的意思是說，我們早就擁有能成為領導者的人才嗎？

山口 若是用電桿地下化的例子，來解析領導者誕生的過程，我覺得可以這樣解釋。

最先提出「電桿不適合出現在巴黎街頭，應該將它地下化」的人，在提出的那一刻還稱不上是領導者吧，他只不過是個提出不同意見的人。可是，一旦有人認為「啊，我也贊成他的意見」，當追隨者出現的那一刻，原先提出意見的人便成了領導者。換句話說，所謂的領導，是經由彼此的關係所建立的「場域概念」。所以說「只有領導者」也等於「缺乏追隨者」的意思。

常聽到有人說「要當第一隻跳水的企鵝」，但是所謂的「第一隻」是相對的概念，要等到第二隻出現了，才能成為第一隻。

水野　確實如此。實際上當不了第一隻跳水企鵝的人可能不少吧。

山口　是啊。不過，要是有一隻企鵝先跳下水，結果卻「被海狗吃掉」了，牠就不能算是「第一隻跳水的企鵝」，而只是一隻「孤伶伶的企鵝」。唯有出現「第二隻跳水的企鵝」，才能讓「孤伶伶的企鵝」成為「第一隻跳水的企鵝」。

至於為什麼沒出現第二隻跳水的企鵝，我有一個假設，或許是「日本人討厭領導者」吧。一群人在班級裡互相察言觀色，統合眾人的意見時，如果有個傢伙說：「我覺得這個不合理。」肯定會引來大家的反感吧？

水野　大家會覺得那個人「真難搞」、「裝模作樣」或是「想出風頭」吧。這一點在公司組織內也一樣。這樣的人會顯得很突兀，與周遭格格不入。

創意領導的時代

山口　想要培養「第二隻跳水的企鵝」這樣的追隨者，關鍵在於領導者身上。很早以前領導者必須要是菁英；九〇年代之前則是要求領導者需具備邏輯領導力或分析領導力。

水野　邏輯與分析領導力，這兩者確實簡單明瞭。分析與邏輯是衡量「實用」的標準，如果世界上大多數問題都能以技術解決，這種方式的確很實用。

山口　是的。邏輯與分析的確能保證一般程度的正確性。雖說離科學的合理性還有一點差距，但是周遭人們很容易看出來，「跟著這個人準沒錯，我可沒那麼蠢。」

但是，使用「有意義」這項標準來衡量的創意領導實在很難下定論。什麼是美的？酷的？有意義的？要在這個沒有正確答案的範疇裡說出「我認為他的意見很好，我支持他」，我覺得這非常需要勇氣。因為無法保證所有人都能認同那個意見是正確的，就像水野先生簡報時所經歷的，所有與會者都在互相察言觀色，沒辦法立刻做決定。

水野　搞不好其他企鵝還隔岸觀火，笑著看海狗吃掉第一隻企鵝和第二隻企鵝吧……。

山口　追隨者也有可能成為領導者。如果第二隻企鵝當了領導者，另一方面也是為了培養新的追隨者才當上新的領導者。因此，企業往後不僅需要領導者，企業裡的每個人也必須成為創意領導，並且擁有卓越的美感。

因此，我認為最重要的是每個人要珍惜自己的感受，讓自己能夠表達出「不管別人怎麼說，我覺得很酷的東西就是很酷」，或者是以自己的感覺來判斷別人的提案，「這個意見非常重要」、「雖然沒有人認同，但是我支持他的提案」，擁有主導權，是在有意義的時代不可或缺的能力。

水野　這和你剛剛說的「勇氣」非常接近啊。不論是領導者或追隨者，有意義的時代、文化的時代正需要創意領導，我覺得這一點與建立品牌息息相關。一如前面所提到的，這將是創意自信必備的商務技能。

Part 2 創造故事

認為自己就是目標客群，是錯誤的設定

水野 我與各家公司共事的過程中，一定會問的問題是「目標客群」。當我詢問對方：「您認為目標客群會是什麼樣的人？」得到的回答卻是：「二十五至三十五歲的女性。」哪有那麼籠統的目標客群啊（笑）。

即便是同年齡層的女性，也有分星期天晚上會看《阿Q冒險中》的女性，與收看《週日美術館》的女性，這兩個不能算是相同的目標客群吧。更何況，同年齡層的女性中應該也有喜歡戶外活動的，細分的話便有許多不同的類型。

山口 如果只討論屬性的話，光看數據就解決了。這一點讓我想到遠山正道先生成立湯品專門店「Soup Stock Tokyo」所發生的事。遠山先生在三菱商事提出的社內新創企畫書，述說了「有湯品的一天」的故事。

這份企畫書多達二十二頁，關於湯品單價多少、要在全國開設多少店鋪以及行銷4P[1]等等卻隻字未提，反而是在田中小姐喝了湯品感到暖心的故事中，藉著「秋野湯（三十七歲）」的細節設定，來描述創業過程。

人們至今依然能經由Soup Stock共享這項世界觀，在迷惘的時候也能再次回到初心。別具慧眼的遠山先生，便是趁著成立新事業時創造了世界觀，並且編織了與人分享的故事。

水野　這麼做能將目標客群刻畫得更生動明確吧，我對此深有同感。而我常使用的手法是設想目標客群會閱讀什麼樣的雜誌，雖說現在雜誌的銷路沒有以前那麼好，但仍不失為有效的方式。

舉例來說，與文具廠商合作時，對方表示目標客群是「喜愛文具的二十五至四十五歲女性」，但是這範圍太廣、太籠統，根本沒辦法宣傳到位。

因此，我會向廠商說明，「不如將目標客群設定為喜愛閱讀《&Premium》

生活風格雜誌的女性吧？」只不過，在會議上發言的大多是一群不太可能會去閱讀《&Premium》的前輩（笑）。因為當他們回答：「哦，這個不錯啊。」於是我就會反問：「請問你們有看過《&Premium》嗎？」他們立刻說：「喔，沒看過。」（笑）。

山口 「雖然沒看過，但是我覺得不錯。」我忍不住想到那些人糊裡糊塗拿著一本雜誌說這句話的情景（笑）。總而言之，這就是把「目標客群當成自己」了。

水野 沒錯！所以我會跟他們說：「既然沒看過《&Premium》的話，請先翻翻看吧（笑）。」即使會議上有符合目標客群的女性參與，她們始終無法暢所欲言，也許是組織結構使然吧。

山口 若是把「目標客群當成自己」，喜好就相當分明啊。

水野先生所說的「目標客群」，跟前面提到遠山先生的「有湯品的一天」有共通之處，在描述文具使用者的故事中，主角就是閱讀《&Premium》的女性。設定目標客群，不就像是在塑造主角的個性嗎？商務人士如果能訓練一下寫短篇小說或創作短片的技巧，想必會很有意思。

水野　感覺真的很有趣啊。我會先設定大致的目標客群，再把「應該屬於這區塊」的人稱為核心客群。我認為所有產品都必須要有核心客群，並將他們當成主角。

山口　沒錯。任何產品都要像說故事一樣為它們塑造一個世界。例如：創作短片，故事中的女主角不會只在片中使用新開發的文具而已，還需考慮其他具體的細節，像是她居住在什麼樣的城市、住在什麼樣的房子、屋裡有什麼樣的家具、吃什麼樣的午餐、買什麼樣的衣服等具體細節。

如此一來，就算沒看過《&Premium》的大叔突然冒出一句：「我住在武藏小杉的公寓大廈，主角的住處乾脆就設定在那裡吧。」其他人也會明白這地方一點也不適合主角。因為這是主角的故事，不是你的人生故事（笑）。

水野　不是只有大叔會這麼說，同年齡層的女性也會說同樣的話。要是讓目標客群穿自己喜愛的衣服、閱讀自己愛看的雜誌、在自己常去的店裡用餐，那就不是這項產品的故事了，而且也建構不出產品的世界，只是成為那個人本身的Instagram（笑）。

山口　最重要的是創造出與自己不同的個性，建構一個客體化的世界觀，其中也包含某種嚮往吧。

截至目前為止我們都在談論如何「創造意義」，但我認為「創造故事」將是商務的重要關鍵。

水野　你說得沒錯。聽了你剛剛所說的，我發現自己在腦袋裡創作故事的時候，同時也在想像目標客群的形象。因為是影像，可以從中感受到人物流露出的氛圍，以及背景所反映出的細節等龐大資訊，如此一來，人物形象也顯得鮮明許多。正是山口先生所說的話，讓我意識到可以透過具體的影像來想像，買這項產品的人會如何展露笑容？會如何使用這項文具？

1　譯註：4P即產品（product）、價格（price）、通路（place）與促銷（promotion）。

目標客群就在文氏圖裡

山口 我想問一個問題，由於「目標客群愈明確，市場規模就愈小」，這其實不利於商務發展，想必企業方都很討厭這一點吧？

水野 這點很有意思，就像討論「喜歡偶像團體『嵐』的會是什麼樣的人？」

山口 這是什麼意思？

水野 所謂的目標客群，必定是數個圓圈交疊的區域。就像更為複雜的文氏圖（Venn Diagram，以視覺化清楚呈現集合關係的圖表）。例如：有一個大圓圈代表「喜歡嵐的群體」，另有一個圓圈代表「閱讀《&Premium》的群體」，還有一個圓圈代表「經常光顧 Soup Stock 的群體」。三個圓圈交疊的中央位置就是核心客群，但是目標客群包括這三個圓圈，也就是整個文氏圖。

山口　意思是說目標客群並不是獨一無二的吧。

水野　不過，利用雜誌倒是能夠鎖定核心客群喔，特別是可以利用雜誌銷售數量劃分女性族群。例如：閱讀《JJ》的人也許瞧不起閱讀《CanCam》的人，反過來說，閱讀《CanCam》的人搞不好也看不起閱讀《JJ》的人（笑）。若是能正確解讀其中奧妙，就能區隔出核心客群。

附設兒童座椅的自行車「HYDEE.B」曾和普利司通輪胎（Bridgestone）一起在《VERY》雜誌中亮相，只需想像一下：「閱讀《VERY》的目標客群所使用的自行車應該就是這款吧？」以此架構出一個故事及世界觀，產品也因此逐步成形。

說個有點年代的例子。我在二〇〇五年負責永昌源「杏露酒」新產品廣告的時候，起用的代言人是女演員香里奈小姐，她那時候還是當紅模特兒。

山口　杏露酒是像梅酒那樣的嗎？

水野　是杏子口味的甜酒，算是挺時尚的利口酒。因為香里奈小姐當時是《Ray》雜誌的專屬模特兒，所以邀請她擔任代言人。

不管喝起來多甘甜、感覺多時尚，它仍是酒精飲品。接著思考飲酒量較大的女性是什麼樣的人，大概是喜歡酒聚或一個人喝酒的人吧。在當時的赤文字系[2]女性雜誌中，感覺最貼近這款酒品的是《Ray》。

《JJ》、《CanCam》、《ViVi》、《Ray》這四本雜誌在男性眼中雖說沒什麼區別，但相比之下，愛喝酒的群體以《Ray》的讀者居多，地方城市的年輕媽媽應該也會讀這本雜誌。

山口　所以還是跟世界觀有關啊。因此，目標則鎖定在打扮有點浮誇、《Ray》的忠實讀者、會跟在地企業上班族結婚的女性。接著可以想像出，有一名女性開著多功能休旅車（Minivan），趁著黃金週假期與朋友在河灘上烤肉的熱鬧情景。

水野　非常精準，就是這樣的人。儘管廠商想鎖定的客群是不太常飲酒的Olive少女[3]，但是賣給不喝酒的人，業績當然不見起色，所以我才起用香里奈小姐當代言人。

不過，廣告風格倒是拍得很《Olive》。這是運用文氏圖裡的每個圓圈都是目標客群的理論，最後將核心客群鎖定在《Ray》的女性讀者，並且為了打動軟萌系Olive少女而將廣告拍得青春可愛，藉此擴大目標客群。

山口　真的很有意思啊。我看了廣告資料，因為是出自水野先生的創意，呈現的效果相當時尚優雅，但是也恰如其分展現了香里奈小姐當時在《Ray》雜誌裡的個性與風采。

我覺得女性市場的生活形式是多層次的，男性市場則相對簡單，頂多只有「正式風」、「休閒風」、「狂野風」等類別，剩下的全都可歸類為「其他」。

正因為女性處於如此微妙的層次中，才會難以引起共鳴。只要世界觀稍微偏移了一些，就有可能遭到全體女性同胞漠視，認為「那與我無關」。

2 譯註：日本針對女大學生、年輕粉領族等二十到二十五歲女性的時尚雜誌。名稱源自該類雜誌封面上的刊名都是以紅色系配色。歸類為赤文字系雜誌的有《JJ》、《ViVi》、《Ray》、《CanCam》等四本雜誌，有時會加上已停刊的《PINKY》。

3 譯註：出自少女時尚雜誌《Olive》。一九八二年創刊，二〇〇三年停刊。

廣告愈短，愈表現不出「有意義」

山口　因為我從事廣告工作，所以會思考「這個廣告的核心訊息是什麼？」在電通工作期間，杉山恒太郎先生與佐藤雅彥先生曾告訴我：「廣告的最終目的，是改變一個人對產品的認知。」也就是原以為與自己毫無關連的產品及服務，透過廣告與自己拉上關係。因為這是改變原有的意義，所以我覺得「廣告的最終目的就是創造意義」。

水野　負責廣告「7-11給你好心情」的杉山先生，以及負責NEC廣告「市場小猴子」與NHK幼兒節目「畢達哥拉斯知識開關」的佐藤先生，這兩位就是電通的天王級創意總監。

山口　他們都是能夠創造意義的創作家，但這樣的人在電通實際上不到一%。至於其餘九十九%的人所做的事，便是用廣告的十五秒來傳達「實用」的訊息。

話說回來，據說日本剛有廣告時段的時候，曾出現五分鐘廣告與一分鐘廣告，到了一九七〇年代便定下三十秒的廣告格式。後來廣告長度變得愈來愈短，如今的廣告長度則是十五秒。

水野　廣告長度愈短，愈難傳達「有意義」的訊息。

山口　你說得沒錯。就這一點來看，十五秒是足以傳達「實用」的訊息。但是，說得極端一些，「有意義」的內容大約會有一本書那麼多，想濃縮成十五秒實在很難，至少要三十秒到一分鐘的長度才有辦法做出一支「有意義」的廣告。

一九八〇年代，杉山先生經手的三得利調和威士忌廣告與佐藤先生經手的「豐田可樂娜II」廣告也是三十秒。有天才美譽的創作家的作品，基本上都是三十秒的廣告。

就像廣告只剩十五秒的格式便難以傳達有意義的訊息，報章雜誌的廣告版面變小，也只能傳達「實用」的資訊。日本的企業想要贏得生存競爭，就得從「實用」轉向「有意義」發展，而我認為這種限制就是最麻煩的一點。

如何傳達世界觀？

水野　我非常喜歡佐藤雅彥先生，他製作的「豐田可樂娜II」廣告看起來對於該車的性能與功能並沒有著墨太多。不過，廣告會讓人覺得「買台可樂娜II來開的話，或許會過上這樣的生活」。

山口　那支廣告真的拓展了人們的世界觀哪。

水野 JR的「房總假期」廣告也是如此，小泉今日子小姐只是在廣告裡唱著「海風在呼喚我～」，並說一句「房總假期」而已，依然能令人想悠閒地搭乘電車前往房總，走進廣告所創造的世界觀當中。也就是藉著展現世界觀，激起人們想要前往廣告地點的念頭。

山口 廣告中使用的照片也不是很特別，只用一些會喚醒兒時家族旅行回憶的溫馨懷舊照片。但那正是房總這個地方所代表的意義，也是整支廣告的世界觀。

佐藤雅彥先生曾有一段時間提到「調性」，大概就是指這個吧。以奢華程度來看，房總絕對比不上夏威夷，但是看過這支廣告的人，就會勾起心底「真的令人懷念」、「暑假就是要這樣過」的情懷。就算是在玄界灘[4]長大的人看了也一樣喔（笑）。

同樣的，可樂娜II廣告中的音樂也不是採用傑夫・貝克（Jeff Beck）[5]，而是小澤健二（笑）。小澤健二先生自然閒適的歌聲，代表「汽車性能已臻成熟，不必再強調奢華感」的世界觀。

水野 好的廣告能夠建立起品牌啊。建立品牌是一項創造世界觀的工作，好的廣告便能發揮一部分作用，**Apple** 的「不同凡想」（Think Different.）廣告也是如此。我認為「具備品牌實力」的企業能與「注重意義」的企業相提並論。

山口 儘管電視廣告受限於十五秒的格式而難以傳達世界觀，至今依然有企業像BMW那樣持續推出超長廣告。

網路的自由度更高，最近有一則廣告很精彩，是香奈兒發布在YouTube的影片，掌鏡者是二〇一九年過世的卡爾．拉格斐（Karl Lagerfeld）。並不是因為它是香奈兒才如此精彩，而是既有的電視廣告不僅受限於十五秒的格式，還得耗費大把金錢，網路廣告則是以零成本的形式拓展表現的空間。雖然也得花一筆製作費，但是對於有故事想說的人而言，如今正是美好年代。

反過來說，只考慮在十五秒內傳達訊息的人，就算對他說「給你五分鐘」，也會傷透腦筋不知道要傳達什麼。

水野 廣告現在正面臨過渡時期啊。因為資訊氾濫，所有人都習慣在腦內排除對自己毫無用處的資訊。就連播放量大的廣告，觀看者出現「我記得有看過，但是想不起來『廣告在講什麼』」的現象卻也愈來愈多。反過來說，只要認為這個廣告對自己「有意義」，就會特地主動搜尋相關資訊。

再回過頭來談相鐵，他們為了宣傳在二〇一九年十一月底開通直達市中心的路線，表示「想拍電視廣告」，但是被我阻止了。「拿這筆預算來拍電視廣告也無濟於事，千萬不要這樣做。」於是，我拿這筆預算製作了約三分半鐘的網路微電影，標題是《100 YEARS TRAIN》，結果大獲成功。

山口 那是由二階堂富美（二階堂ふみ）小姐與染谷將太先生主演，故事背景是發生在大正、昭和、平成、令和四個時代的電車車廂裡面吧。

水野　是的。音樂選用擁有大批死忠歌迷的「魚韻」（サカナクション）和「團團轉樂團」（くるり）的歌曲，並由音樂製作人冨永惠介先生混音，再請ＹＵＩ小姐與Mizobe Ryo（ミゾベリョウ）先生重新詮釋歌曲。不過，細節全部交給負責影片製作的電通創意總監中村英隆先生與動態攝影師柳澤翔先生率領的團隊。

我身兼品牌總監與創意總監，負責兩項最重要的工作，第一項就是「不製作電視廣告」，但是要讓別人理解這一點，真的很不容易。

山口　還真辛苦啊（笑）。

水野　另一項工作是在影片中徹底移除告知資訊。總而言之，為避免做成實用性質的ＶＴＲ，我持續和各部門調整與交涉。我要做的不是傳達資訊，而是將相鐵想要傳達的「世界觀」拍成ＶＴＲ。

為了打造相鐵的品牌，從開始規劃的五年間，我有信心能透過車站、車廂到月台上的長椅與自動販賣機等多項精心設計，穩定提升品牌實力。原本顯得土氣的相鐵線，漸漸有了不同的評語：「相鐵好像不一樣了」、「相鐵最近變得很時尚欸」。再說，新聞等媒體一定會播放相鐵直達市中心的「資訊」。因此，我認為影片應該將焦點放在建立品牌上。

最後出現在約三分半鐘的ＶＴＲ的文字資訊，只有一張寫著「乘載百年的念想」與「相鐵直達市中心」這兩行字的幻燈片。明明是告知直達市中心的影片，資訊卻出奇的少（笑）。

山口　一般的話，會放一大堆「實用」的資訊吧，像是不必轉車就能到達○站；原本需要花○分鐘，現在只要花○分鐘就能抵達等等。

水野 對啊，可是我們在影片中完全沒有放這些資訊（笑）。

當初向社長簡報，請他看初剪的影片時，現場一時鴉雀無聲。完全是之前提到的「我不懂這影片到底哪裡好」的狀態啊（笑）。不過，最後社長還是說：「這個應該不錯吧？那就用這個了。」但我覺得許多相鐵員工的心裡應該滿困惑的，畢竟原先是打算製作資訊豐富的電視廣告。

不過，這支影片大獲迴響。一公開立即在社群網路掀起話題，YouTube 的播放次數也在瞬間超過一百萬次，並且一路飆向三百萬次。

最令人開心的是觀眾看過之後的迴響十分熱烈，除了「好感動」、「我哭了」之外，社群網路上還充滿了一大堆對相鐵線的正面評價，「相鐵不賴嘛」、「我愛上相鐵了」、「我想住在相鐵沿線」。相鐵員工個個感激不已，也有人因此高興到落淚。

當好評愈滾愈大，口碑也持續發酵，「最近很紅的相鐵廣告，看了之後覺得真精彩啊。」一般人對於能夠「打動」內心的事物，一定會主動搜尋相關資訊，不必靠廠商鋪天蓋地宣傳訊息，想要傳達的訊息自然會廣為人知。不僅如此，我們雖然刪掉不少文字資訊，但仍將「相鐵直達市中心」的訊息清楚傳達給人們。我想，這是因為觀眾有「認真」看影片的緣故。

4 譯註：日本九州西北部海域。

5 英國的吉他手。以獨特的樂句創意（Phrasing）及回授（Feedback）技法而聞名。與洛・史都華（Rod Stewart）等人組成傑夫・貝克樂團（The Jeff Beck Group），推出《Truth》等熱門專輯。

從「以理服人」的時代，轉為「產生共感」的時代

山口 馬丁・路德・金恩[6]不是有一篇很有名的演說嗎？

水野 「我有一個夢」（I have a Dream）吧。

山口 最有意思的是，那篇並不是原先準備的演講稿。因為金恩牧師要在一場重要大會上發表正式演說，所以他事先備妥了文稿。內容談的是經濟情勢、法律，還有黑人大學畢業以及擔任管理職務的比率遠低於白人等問題，並有數字佐證。

水野 真的是很正經的演說內容啊。

山口 金恩牧師是心思細膩的人，也許當初在照講稿演說時，心裡便覺得「這個內容沒辦法打動聽眾」吧。

再加上金恩牧師身旁有個女粉絲，一直跟他說：「你就說平時常說的夢想吧。」當時金恩牧師已經演說了一段時間，卻在半途停下來。沉默了一會兒，突然說起「我有一個夢」。

先前聽著黑人失業率百分比等話題而有些興致缺缺的聽眾，一聽到金恩牧師說了一句「我有一個夢」，先是納悶「咦？怎麼了？發生什麼事？」接著聚精會神地聽下去。所有人聽著金恩牧師述說「預想的未來」，或許當下便共有了這個世界觀。

水野 後來這段演說也成了美國名垂青史的演說啊。

山口 我想，金恩牧師本來是打算用事實與資料說服聽眾，並以數據佐證，儘管理性上覺得自己可以說服所有人，實際上卻明白這樣無法打動人心。

不過，改變了話題後所說的「我有一個夢」，既不是長篇大論，也沒有試圖以理服人，只是全心全意述說他夢想中的世界。聽眾雖然不一定能理解，但是每個人都深受感動，認為「那一定是個美好的世界」，於是產生了共感。

「理性上明白但沒有被打動」與「理性上不明白但有被打動」兩相比較時，人們最需要的其實是後者。我認為以理服人的二十世紀已經結束，未來將是產生共感的時代。

水野　我非常認同從以理服人到產生共感的論點。我覺得「傳達」這項行為本身也會改變，轉為以接受者為主。

6 美國的牧師及黑人民權運動領袖。基於非暴力直接行動（Non-violent direct action）主義指導公民權運動。一九六四年獲頒諾貝爾和平獎。不幸於巡迴演講途中遭暗殺身亡。

設計的本質是賦予人格

山口 聽了水野先生所說的話，我覺得設計的定義一直遭到誤解。一般人往往將設計、藝術與感性矮化為視覺傳達的領域，但是設計可以呈現出世界觀，不是應該更廣泛嗎？而且我認為設計的本質，便是賦予人格。

水野 說得沒錯！「設計就是把外觀打造得時尚搶眼」，這種「誤解」到現在依然存在。我每每逢人就說「設計才不是那麼膚淺的東西」，可惜沒辦法讓所有人都改觀。

山口　我很尊敬的設計者白土謙二先生，現在已經退休了；他在電通的時候便長期負責豐田汽車的工作。他在自我介紹時卻說自己是「騙子」（笑）。

白土先生一直留意一個問題，那就是「豐田汽車看不到人性」，為此他還設計了一項測驗。測驗紙的右邊列出了豐田汽車各個車種的圖片，左邊列出了車種的關鍵宣傳標語，例如：「震撼靈魂的快意馳騁」、「靈巧&動感兼具的外觀」。這項測驗的內容則是「請正確地連出車種與宣傳標語」。

水野　這個很難啊，畢竟是豐田汽車……（笑）。

山口　不愧是水野先生，真是一針見血（笑）。高階主管都沒能通過這項測驗。看看標語的內容，每個都大同小異。豐田汽車完全沒做到汽車的個人化，也就是塑造不同的角色個性，才會寫出大同小異的標語；這是白土先生的看法，但是豐田汽車似乎沒有採納他的意見。

水野 我很久以前也跟豐田汽車合作過，當時學到了很多。我那時候負責的是車上搭載某個功能的新聞廣告。我為了做一支廣告，花了半年左右的時間製作了非常多完成度相當高的粗略設計圖（Rough Layout）（笑）。

一開始向負責人做簡報多次被打回票，接著向課長做簡報也被打回票；等到課長說ＯＫ，再向部門經理簡報，打回票之後回到原點再製作另一種截然不同的設計案，重新向負責人簡報。如此反覆的過程中，送到高階主管眼前的設計案已經和原來的完全不同。

近年來的豐田汽車與當時相比，感覺變化相當大；豐田汽車在那個時候，若以河川來比喻，就像在下游河川打磨過的石頭。

山口　這是什麼意思呢？

水野　下游的石頭會在流水沖刷的過程中摩掉稜角，使得每顆石頭看起來都是圓滑的。在此先不討論稜角是被磨掉的，還是單純只是被削掉的。

相似的石頭布滿河床的景致十分美麗，因為沒有稜角，即使人碰觸了也不會受傷，石頭本身光滑圓潤，任何人拿在手裡都很漂亮。只不過，這些石頭與上游凹凹凸凸的石頭完全不一樣。

上游石頭的顏色與形狀五花八門，也有尖利的銳角。但是，其中應該會有顆石頭讓撿到的人感覺「這個石頭的優點只有我懂」吧（笑）。儘管如此，我當時在豐田汽車的工作中所得到的經驗，是在探索大多數人認為「還不賴」的觀點何在的過程。

豐田汽車是支撐日本經濟的企業，以他們的立場來說，很難允許不顧一切冒險犯難的舉措，但正因為這種作風，才能使他們成長為規模龐大的企業。可是，一味追求這種保守的作風，所面臨到的難題便是車子與廣告風格變成毫無特色的產物。

山口　這觀點很有趣啊，用石頭來比喻真的很妙。與「每個人都喜歡」相比，「任何人都不會否定」的東西更需要捨去許多不必要的要素。姑且不論產品好壞，這就是設計沒有賦予產品人格的實例。

換個名稱，感覺就會不一樣

水野　我與中川政七商店有長期合作，他們一開始並沒有那麼多間店鋪，也沒有建立自己的品牌。再說，他們起初只想委託我重新設計品牌的購物袋而已。不過，我比較多管閒事，很想額外替他們設計其他東西（笑）。我給他們看了各式各樣的設計，跟他們談談希望可以將「中川政七商店」發揚光大，最好將原來的名稱也重新設計，突顯公司名稱，藉此建立「中川政七商店」新品牌。

除了中川政七商店以外，陳列在便利商店的飲料或零食也只需換一個焦點，便能突顯產品的魅力。這種例子多不勝數，只是改變包裝、改變名稱，就能讓產品暢銷的例子非常多。

山口　「中川政七商店」這個名稱，以前在工藝品市場名不見經傳吧。是水野先生感受到它的潛力，心想：「這家公司若是能添加包括名稱在內的各種枝葉，一定會成長為參天大樹。」

奈良的中川政七商店自一七一六年延續至今，我覺得光是這一點就有足夠的骨幹。他們的經營型態是以紮實的技術製作工藝品，為人們提供良好的生活方式，這一點與他們的老派名稱十分契合。中川政七商店與水野先生攜手合作，將老牌子人格化，進而建立起品牌。

換作是「在福生[7]延續五十年的中川政七商店」，或許會覺得「名稱不合適，還是改成羅馬拼音吧」。

水野 是啊。設計上也會改為日式和西式混搭的風格，至少不會用鹿來當商標吧。

山口 這個感覺我非常懂。話題扯遠了，不過，我覺得藝人的名字也是很重要的。例如：石田純一先生，他的本名似乎是石田太郎，但是用「石田太郎」這個名字，應該沒辦法拿下泡沫時期偶像劇的帥哥角色吧。這或許是個假設，但是不無可能。

最有趣的例子是矢澤永吉先生。他剛出道的時候好像很煩惱要取什麼名字，「矢澤」倒還好，「永吉」就還滿老土的吧（笑）。

水野 沒錯，頗有昭和的韻味。

山口　我想，他最後採用了獨特的策略，維持「矢澤永吉」的名字，並組成樂團「CAROL」出道。沒有頂著酷炫的名字穿皮衣梳飛機頭唱搖滾歌曲，而是以帶點土氣的「永吉」添加硬漢形象。還有一種說法，用「永吉」這種帶點古早風的名字，不是顯得比較獨特又帥氣？

水野　換作是「矢澤純一」，感覺又不太一樣了（笑）。畢竟「永吉」這個名字，一定要親暱地叫「小永」才配得上掛在脖子上的毛巾。

7　譯註：東京都福生市。

從Patagonia與Apple的公司名稱看世界觀

山口 命名也是創造世界觀的重要一環。其中最優秀的實例，我認為是Patagonia。創始者是美國登山家伊方．修納德（Yvon Chouinard），當時的公司名稱是「修納德登山器材公司」（Chouinard Equipment）。

水野 起初好像是製作及販賣登山器材。舉例來說，就像山口先生創立「山口器材股份有限公司」一樣，是非常直截了當的命名方式（笑）。

山口 他們經營的產品不只有登山器材，隨著商務擴大到包羅萬象的戶外用品，若是沿用「修納德登山器材公司」，公司規模肯定不會像現在這樣吧。因此，伊方．修納德在一九七〇年代初期就將公司名稱改為「Patagonia」，真的非常有遠見。

二十世紀開始出現登山及戶外活動文化，到了一九七〇年代，人類的足跡已踏遍了世界各處的自然景觀。不過，南美的巴塔哥尼亞（Patagonia）對於歐洲及北美的眾多人們來說，仍是一塊保有原始自然風貌的最後秘境。

當然，Patagonia 早已著手環境保護與永續經營，他們所做的一切如今已成了深烙人心的故事，也讓人一提到「Patagonia」這個地名，就會像回音反彈一樣一下子能聯想到這個品牌，我覺得這就是善用一般人對某個地區的普遍印象的典型模式。

水野　「Apple」也一樣，是個簡單又有力的名字。賈伯斯曾任職於電腦遊戲公司「雅達利」（ATARI），據說選用 Apple 這個名字是因為它在電話簿的排序在 ATARI 前面。儘管眾說紛紜，根據《賈伯斯傳》（華特・艾薩克森〔Walter Isaacson〕[8]著）的記載，當時奉行食果主義（Fruitarianism）的賈伯斯常吃蘋果，再加上剛好從蘋果園回來，才會取了這個名字。如果那時候吃的是香蕉，搞不好會取名為「Banana」吧（笑）。

山口　Apple與Patagonia的影響模式截然不同。它是從平淡無奇的蘋果為起始，將自己實際上所做的一切累積成故事。

賈伯斯當年很喜歡蘋果唱片（Apple Records），也體驗過美國西岸的嬉皮文化。「Apple」這個名字不僅僅是他的事業，其中也蘊含七〇年代、八〇年代加州的空氣與自由；以舊金山帕羅奧多市（Palo Alto）為中心，並透過科技改變全世界的過程；甚至包括非主流文化等所有要素。創造如此世界觀的，就是Apple這家公司。

8　曾任《時代》雜誌總編輯與CNN執行長，後擔任亞斯本研究院（Aspen Institute）總裁兼執行長。也擔任CNN董事長兼執行長。同時也是一名活躍的傳記作家。

目標客群吃的是「日清兵衛麵」還是「日清杯麵」？

水野　不論是哪一種產品或哪一家企業，我始終堅持「核心客群非存在不可」，因為那是塑造山口先生所說的人格的重要骨架。塑造人格，也等於建立骨幹。

從骨幹延伸出來的枝葉，便能構成完整的世界觀。除了命名以外，我認為還有其他各式各樣的枝葉。

山口　文藝評論家小林秀雄曾說：「閱讀文學作品可樹立人格。」我覺得這一點和品牌很相似，只不過是反其道而行：先設定人格，再從中發展出故事，構成整個世界觀。

水野　也就是先決定核心客群，再以這樣的人物為主角，撰寫短片的腳本吧。關於這一點，我能教公司的員工嗎？本書的讀者看了就能馬上實踐嗎？一談到創作文學作品，感覺就是更高層次的境界啊。

山口 我認為水野先生已經做到了這一點，也知道該教別人怎麼做。只要有骨幹，很容易就能開枝散葉。

設定個性的條件有很多，不妨一個一個思考。你前面所提到的白土先生便是利用食物，例如：「愛吃炸豬排」的人與「愛吃油封鴨」的人，這兩種是截然不同的類型，所以白土先生才會提議豐田汽車開辦用食物比喻汽車的工作坊，像是「這個車種用食物來比喻的話，大概是日式拿坡里義大利麵吧。看起來偏西式，骨子裡卻是日式」（笑）。

水野 這個我想試試看（笑），肯定非常有意思。我自己常做「帶有某種傾向的分類」，在慶應大學講課時也會讓學生實作。至於其中的內容，以「熊本熊」為例，「這隻熊是像泰迪熊那樣偏西式的呢？還是像棕熊那樣偏日式的？」像這樣用「帶有某種傾向」來分類。

如果要建立襪子品牌，便是用截然不同的對象物比喻襪子，從中摸索「某種傾向」，例如：「偏北半球還是偏南半球？」「偏未來還是偏現代？或是偏復古風？」「偏向哪一種人？」如此一來，便能突顯該項物品本身究竟具備何種魅力，有助於釐清設計及建立品牌的方向。

山口　這種作法看起來像是只憑感覺，但實際上非常實用。像是食物也能帶出無限種比喻，可惜豐田汽車似乎「完全不懂白土先生在說什麼」而一口否決開辦工作坊（笑）。

這種方式讓我想起當年在顧問公司加班的情景。

以當時的外資顧問公司來說，工作到三更半夜是家常便飯。當熬夜到凌晨十二點至一點左右，肚子會非常餓，於是我就會到樓下的便利商店買東西吃，隨手拿起「日清兵衛麵」（どん兵衛）時，我不禁嘆了一口氣，想起了《費城》（*Philadelphia*）這部電影。

水野 湯姆．漢克斯（Tom Hanks）在電影裡飾演罹患愛滋病的同性戀律師。這部嚴肅的題材描述他因為「公司不希望辦公室裡有愛滋病患者」的理由遭到不當解雇，於是控訴自己所屬的律師事務所。故事背景是一九九〇年代初期，那時候人們對於同性戀與愛滋病還存有偏見。

山口 沒錯，這部《費城》讓我想起湯姆．漢克斯的模樣，他是一位身上會搭配有型吊帶的幹練律師，每天工作繁忙。而湯姆．漢克斯深夜就在高樓大廈的一流事務所裡，一邊吃著中國餐廳的外賣麵食，一邊對著電腦工作，鬆開領帶漫不經心吃麵的模樣，感覺極為克己又帥氣（笑）。

一想到這一幕，我就覺得在外資顧問公司工作的人在能看到夜景的 ARK

Hills高樓加班時所吃的食物，就是「兵衛麵」吧（笑）。

水野　我懂（笑）。

山口　便利商店倒是不會有中國餐廳的外賣，所以只能選日清杯麵了。如果是「辣椒番茄」口味的話，就滿像一回事的（笑）。

先別管我剛剛說的，我認為擅長建立品牌的人，在於他是否能在電影的一個鏡頭裡架構文脈。這個人若是有辦法提高水野先生所提到的「帶有某種傾向」的準確度，他所架構的文脈必定不全然是帥氣的，有時候是庸俗的，有時候則是可愛的。

將使用文具、汽車或家電等物品的世界當成故事的情節，一旦掌握核心主題，就能打動人心，看的人若是覺得產品與自己有關聯性，就會產生購買欲，「啊，那就是我需要的文具。」

上圖：水野學／下圖：山口周　（攝影：小山幸佑）

水野　關聯性就是 Relevancy 吧。在這裡也可以說是關係性，也就是 Relationship。雖然只是個文具，仍是可以成為與自己有關的物品，或是打造嚮往的氛圍，「我希望在生活中能用到這種文具。」讓物品與人產生連結。如此一來，人們一定會想要購買這個產品。

持續觀察就是一項才華

山口　我認為創造故事的方式有兩種。

一種是自己創造故事，並將產品融入其中，也就是以自己為原型，或者自己當編劇；另一種方式是讓現有的世界觀變得更豐富。

水野　第一種方式是自己當編劇，也就是從零開始塑造角色。我的作法雖然不是從零開始，但是會去想像核心客群的個性。

在我剛自立門戶，還沒接到任何工作的時候，因為事務所位在惠比壽，所以我經常一路步行到澀谷，坐在忠犬八公像前看著來來往往的人群。心想著這個人大概幾歲？職業是什麼？興趣是什麼？若是在早上，我會想著這個人是在上班途中嗎？還是喝到早上正要回家呢？　我已經忘了當時為什麼要這麼做，但我會在那裡待上半天，玩著這種遊戲。

山口　這是非常好的訓練方式啊。TED[9]的演講中也有提到在機場觀察人群的例子。

水野　我所做的與其說是訓練，倒不如說是打發時間的遊戲（笑）。惠比壽花園廣場有個免費的觀景台，所以我晚上也常去。

比方說：漫不經心地看夜景，將目光焦點隨意鎖定某個窗戶，赫然發現屋裡有人，也許他正在吃兵衛麵熬過加班時刻（笑），或者正在和誰吵架。有的剪影會令人不禁遐想：「欸，那個人莫非正在談情說愛？」我很喜歡看這些情景，愈看愈有意思。而這些不經意的情景，就會在我思考核心客群的故事時派上用場。

直到現在，即便是搭新幹線，我仍然會看著窗外的房子，依然想像著：「那戶人家的家庭結構是這樣……。」

山口　觀察人們確實可以當成水野先生創造故事的題材資料庫，不過能觀察半天也是一項才華啊。日本將棋棋士羽生善治先生曾說過，所謂才華，就是「堅持下去」。

水野　話雖如此，羽生先生的將棋才華，跟我沒工作才跑去坐在忠犬八公像前面觀察人群的才華也差太多了啊（笑）。

山口 別這麼說，羽生先生的重點是「堅持」啊（笑）。

將棋這個領域確實講求天賦，能進獎勵會[10]的孩子都比一般的孩子更有天賦，而羽生先生很明顯就是其中的天才。

不過，讓這些孩子日後成為活躍於棋壇的職業棋士，或者遇到瓶頸而退出棋壇的轉捩點，與天賦才能幾乎沒什麼關係。根據羽生先生所說，重點在於是否能夠在幾十年來都堅持過著每天學習將棋八小時的日子。

因為喜歡才能長久堅持下去吧。此外，羽生先生也很喜歡思考下將棋的方法，這三十年來，不管是不是與人對奕，不論身體有多疲憊，他每天都會思考將棋五至六個小時。

「才華究竟是什麼？我認為是能不能讓你堅持到最後的事。」我從羽生先生所說的這句話中確實感受到：「啊，他真的非常喜愛將棋啊。」

一般人應該也沒辦法在搭新幹線時，兩個小時都盯著窗外的家家戶戶，想像他們的家庭結構吧（笑）。所以說，這就是水野先生的才華。

水野 原來我這麼厲害（笑）。不過，確實因為喜歡，才能精益求精。

再回到原先的話題；山口先生剛剛不是提到，創造故事的另一種方式是「讓現有故事的世界觀變得更豐富」嗎？

9 譯註：TED Conference LLC。名稱取自技術（Technology）、娛樂（Entertainment）、設計（Design）在英語中的縮寫，美國的私有非營利機構，以TED大會著稱。

10 譯註：職業棋士的培養機構。

「007」的槓桿大作戰

山口 關於「讓現有故事的世界觀更豐富」，有不少精彩，也很容易仿效的例子。「007」就是其中一例。

詹姆士・龐德（James Bond）是富有的英國貴族之子，因為雙親登山遇難而繼承龐大遺產。他長相英俊，擅長運動且足智多謀，對他來說，任何工作都過於簡單而無趣，所以他才會想要加入英國祕密情報局軍情六處（MI6），從事最危險的工作。一旦有了這項世界觀，就能創造出無數個故事。

水野 我只記得電影的情節，這是由小說原著改編的故事嗎？

山口 嗯，是伊恩・佛萊明（Ian Fleming）寫的小說，裡面提到了「詹姆士・龐德喜歡開奧斯頓・馬丁」。這輛車在「007」系列電影第三集《金手指》中，以「暗藏祕密武器的特殊車輛」登場，從此奠定了奧斯頓・馬丁的品牌地位。奧斯頓・馬丁十分巧妙地運用「007」故事的世界觀所產生的「槓桿原理」，成功打造了品牌名聲。

水野　詹姆士・龐德的世界觀確實與嚮往奧斯頓・馬丁的核心客群的世界觀完美吻合。

山口　奧斯頓・馬丁這個品牌已和「英國貴族」及「詹姆士・龐德」的形象結合在一起，蘊含著龐大資訊。它給人禁欲之中帶點頹廢的感覺。既沒有德國車系的樸質剛硬，也沒有義大利車系的風情萬種，但是在利曼大賽（24 Hours of Le Mans）的表現卻十分強悍，這些印象層層疊疊構成英式的奢華世界觀。

保時捷不僅蘊含「德國」、「機械工學的精髓」、「費迪南・保時捷（Ferdinand

Porsche）博士」、「氣冷式」、「利曼大賽」等世界觀，也與「史帝夫·麥昆（Steve McQueen）」、「詹姆士·狄恩（James Dean）」發揮槓桿原理。而這能讓顧客感受到若是擁有這輛車，便能成為由這些要素所構成的世界觀裡的主角。假使能以主角的身分走進時光隧道，對於愛好者而言想必是無比滿足吧。這正是品牌的魅力所在。

水野 日本的車系並沒有塑造出這種世界觀啊。雖然好萊塢的名流好像會搭凌志汽車。

山口 第一代凌志剛問世時，德大寺有恒先生[11]曾在新車評論報導中寫著：「按下空調吹出冷風的那一刻，頗有往庭院灑水的降溫之感。不禁令人想起日本的待客之道。」大師的詮釋果真充滿意境。儘管凌志汽車與德大寺先生都很了不起，但是與背景有關的資訊實在太少了。

水野　確實如此。就算名流會搭乘凌志，仍是不適用「世界觀」一詞。

山口　一提到007就停不下來，我還是克制一下吧（笑）。我能不能再舉一個例子？馬丁尼（Martini）之所以能在雞尾酒中脫穎而出，我覺得也是與007的世界觀產生槓桿原理。

馬丁尼通常是以琴酒為基底，攪拌均勻後倒入杯中。詹姆士·龐德則是要求將琴酒換成伏特加，而且要用搖的，不要攪拌。這個「講究」十分具有詹姆士·龐德的風格啊。也就是不選擇「中庸之道」，而是遵從自己的堅持，特意偏離一點正軌。

水野　現在全世界的酒吧裡，應該也有男士在點伏特加馬丁尼時，會要求「用搖的，不要攪拌」吧（笑）。

11 譯註：一九三九～二〇一四年，著名汽車評論家及前賽車手，本名杉江博愛。

世界觀也需要與時俱進

山口　伊恩．佛萊明創造的世界觀是以一九六〇年代的文化、社會及風俗為基調。第一任詹姆士．龐德是史恩．康納萊（Sean Connery）飾演。因為是由奧斯頓．馬丁、馬丁尼以及倫敦薩佛街（Savile Row）的高級訂製西服等要素所構成的和諧世界觀，直接加諸在他身上也不會感到格格不入。

一九九五年，在皮爾斯．布洛斯南（Pierce Brosnan）飾演第五任龐德時發生一件有趣的事。歷任龐德都是挑選像史恩．康納萊那樣的硬漢演員，布洛斯南卻是瀟灑不羈的美男子。據說事後有人將龐德的人物設定全部條列出來，一一對照「這個是舊版的，這個是新版的」。

水野 將原型當成遺產（heritage）加以運用，並配合時代變遷與時俱進，這也是商務常用的題材吧。我想，這也是所有魅力長久不墜的品牌與企業都會使用的手法。

山口 你說得沒錯。如果龐德開的車仍是奧斯頓．馬丁的話，在現代來看會顯得有些老古板，所以布洛斯南就改開BMW。西裝也換成布里歐尼的高級訂製西服。薩佛街並不是一個品牌，而是聚集許多貴族訂製西服的裁縫店的街道名稱。以日本來說，就像「自曾祖父時代便常光顧的銀座裁縫店」一樣。後來還出現一個討論：「一九九五年的英國貴族子弟，比起傳統裁縫店製作的英式西服，是不是更喜歡玩趣十足的義大利高級西服？」

據說引發熱烈討論的問題是「龐德適合滑雪還是滑雪板」。原本的設定是「詹姆士．龐德是滑雪奧運選手」，但是有人認為時代已然改變，龐德應該要玩滑雪板。在人們議論紛紛各持己見之下，得出的結論是「龐德還是適合滑雪吧」，這項討論便是有關「世界觀與個性」，我覺得這個相當有趣。

水野　這一點遵循了原始設定啊。

山口　「把滑雪改成滑雪板是錯的」，我認為這是非常重要的決定。與時俱進固然有必要，但是矯枉過正只會導致系列作人氣下滑，因為詹姆士・龐德是男性心目中的理想男性指標。「富有的貴族後裔，擅長各項運動且意志力堅強，還深受女性歡迎」，當這些要素一一列出來，便讓人覺得「龐德不應該玩滑雪板，而是滑雪」。這些要素不僅守住了世界觀，也是構築世界觀的啟示。

水野　聽到這些，我想起前陣子開幕的京都安縵（Aman Kyoto）。在世界各地開設小型奢華度假村的安縵集團，繼日本東京及伊勢之後，二〇一九年十一月在京都開設了美輪美奐的新度假村。

佔地約三十二萬平方公尺的廣大森林中，遍布青苔的石牆與石階連綿不斷，豎耳可聞小河的潺潺流水聲，讓人恍若穿越時空。園區內有幾座巨大石橋，據說是愛好古蹟的前任所有人從日本全國各地蒐集來的珍貴石頭，現在已經非常難取得了。

這片土地原本是西陣織名家所有，當初打造庭園是懷著成立織品美術館的夢想，但是未能實現。後來由安縵接手，不僅原樣保留庭園之美，據說從構思到落成歷時了二十年的歲月。座落在森林各處的客房，採用大型檜木浴池與榻榻米等日式元素，也融入西式風情，構成小而美的舒適空間。

山口　為安縵操刀設計多處建築的凱瑞・希爾（Kerry Hill，二〇一八年逝世）十分擅長在建築設計裡融入當地的魅力。

水野　是的。京都安縵也充分運用了這一點，在日式的靜謐之美中納入新元素，創造出無與倫比的空間。我去那裡的時候，看到的幾乎是來自歐美的旅客，所有人都樂在其中。

我覺得在日本國內想嘗試日式風格時，總是過於偏重「傳統」而綁手綁腳。不過，在維護真正重要的核心時，仍需要配合時代變遷與時俱進，這就是維持品牌實力的絕對必要條件。

阿波羅登陸月球是美國的宣傳手法？

水野　具備品牌實力的企業，甚至還會自行編撰能夠發揮槓桿原理的「創業故事」，這一點真令人佩服。

例如：愛馬仕（Hermès），「以製作馬具起家，其後開始製作皮包」的這則故事是由實際經歷累積而成，這與山口先生剛才說的 Apple 的作法如出一轍。不過，送「柏金包」給珍・柏金（Jane Birkin）[12]這則軼事，我覺得是愛馬仕自行杜撰的「愛馬仕故事」，藉此來發揮槓桿原理。

同樣的，Tiffany 當初若是全面協助拍攝電影《第凡內早餐》（*Breakfast at Tiffany's*），說不定也可以視為 Tiffany 自行創造故事發揮槓桿原理的實例。

相較於歐洲的珠寶品牌，當時的 Tiffany 稱不上是品牌，而是初來乍到的美國外來客，但它後來卻成為風靡全球的品牌，可見這部電影的影響功不可沒。

山口　《第凡內早餐》是杜魯門・卡波蒂（Truman Capote）[13]所寫的，原著小說中描述了陰鬱且複雜的世界觀，但是電影裡的世界觀則是改為人們淺顯易懂的喜劇。

水野　還有一個例子，米其林是輪胎製造商，他們絞盡腦汁製作「米其林指南」的目的，就是為了讓顧客快速更換新的輪胎。當顧客開車走遍法國尋求鄉間美食時，就會很容易損耗輪胎，這就是自行詮釋「高級餐廳之旅」這項世界觀的實例。

從這一點來看，實際上到處都是自編自導的故事，像是阿波羅登陸月球其實是假的吧？是美國編造的宣傳故事吧？人們對這類陰謀論倒是說得煞有介事（笑）。

山口　愈多人相信這種假設，更顯得世界觀的影響力有多驚人。人們是很容易融入世界觀的，一旦創造了豐富的世界觀，就能自行發揚光大。提到最成功的日式世界觀，《魯邦三世》應該是絕佳的例子吧。

由日本漫畫家加藤一彥所構思，亞森．魯邦（Arsène Lupin，或譯亞森．羅蘋）的孫子，在現代社會是個神通廣大的俠盜的故事情節，就架構出一個讓人吃一百碗飯也不膩的世界觀。

12 主要活躍於法國電影的英國女星。代表作有《我愛你，已不愛你》（*Je t'aime... moi non plus*）、《功夫大師》（*Kung-fu master!*）等。女星夏綠蒂·甘斯柏（Charlotte Gainsbourg）是她與前夫賽吉·甘斯柏（Serge Gainsbourg）所生。

13 美國作家。以頹廢虛無的文風而聞名。代表作《第凡內早餐》是以紐約為背景，描述年輕人的生活百態。

如何創造世界觀？

水野　以往我談到「建立品牌」時，會說要「控制觀點」。然而，我覺得用山口先生剛剛在談「創造世界觀」所提到的觀點來說明會更容易理解，大家也比較容易接受。所以我接下來打算改變說明方式。

山口　建立品牌自然少不了創造世界觀，我認為設有店鋪的企業也各自有創造世界觀的方法。星巴克的手法便十分高明。無印良品的良品計畫則是創造了包括產品及店鋪在內的統一世界觀，進而成功打進全球市場。

我覺得最出色的是巴黎西堤島旁的「莎士比亞書店」（Shakespeare and Company）。如果列一張最有品牌競爭力的書店排行榜，這家書店大概名列全球前三名吧。

水野 那家書店很厲害。它本身就是一部文學作品了。

山口 莎士比亞書店的英文名稱含意是「莎士比亞與他的朋友們」，店裡只賣文學類書籍，這裡的店員都是一群「以文學為志向，但還無法以此維生」的人。書店樓上也改為公寓形式，充當店員的員工宿舍。

從英國來法國發展的布魯斯・查特文（Bruce Chatwin），以及來自美國、還沒知名度時像個流浪漢的亨利・米勒（Henry Miller），都曾經在莎士比亞書店當過店員。即使亨利・米勒後來以《北回歸線》（*Tropic of Cancer*）這部著作晉身為知名作家，他每次去巴黎都會來書店逛逛，據說還曾興之所至，說：「那就在二樓舉辦朗讀會吧。」

一般書店或許可以仿效別家書店的藏書種類、書櫃陳設、外觀或室內設計、創店故事等等。不過，我認為莎士比亞書店的世界觀是其他人無法複製的。

水野　說到店鋪，祐天寺有一間叫做「Ban」（ばん）的居酒屋，據說是以發明檸檬沙瓦而聞名。我只去過那裡幾次，不過不少造型師或設計師等業內人士也都會光顧。

山口　那間店是像駒澤大學的「Bowery Kitchen」一樣走時尚路線的嗎？

水野　去Ban的人都滿時髦的，但是Bowery Kitchen是時尚中的時尚。如果以車子來比喻，就像藍寶堅尼（Lamborghini）一樣（笑）。

Ban的外觀是紅燈籠搭配深藍色布簾，外頭還堆放著啤酒箱。店裡頭煙霧瀰漫，牆上貼滿了各式菜單。

山口 以車子來說，感覺就像坐在全面改裝的方盒子[14]（笑）。

水野 不管怎麼說，這種世界觀就是故意開一輛十年前左右過時又破爛的Skyline老爺車，還覺得自己很帥（笑）。不過，我很能理解。

我想說的是，世界觀的其中一種作法是將世界觀設定為時尚風格，並將它架構得完美無缺；另一種作法則是特意拋開世界觀，讓它變得時尚。感覺就像一間陳設波爾・凱爾霍爾姆（Poul Kjærholm）所設計的PK系列極簡家具的房間裡，搭配傳統波斯地毯，這種設計感再好不過。

山口　感覺就像利休的「見立」[15]。隨手一擺就很酷。

水野　提到設計或美感，一般人總是動輒用「好美、好醜」以及「有美感、沒美感」來評論。但是每個人對於美或醜的標準不一，所以最後還是又回到選擇者的喜好及心情的問題。

不論品牌、產品或商店，一開始的原點就是要釐清「想要什麼樣的世界觀」。這時候若是感到不安，為保險起見而加了一堆無謂的想法，便無法順利架構世界觀。如果能鎖定某個重點，並且有勇氣剔除不合適的想法，就會清楚呈現世界觀，最後也會吸引到鐵粉。

山口先生所說的「沒有人可以複製莎士比亞書店」正是如此。為了追求自己心目中的世界觀而徹底做好每個細節，才能建立品牌。

14 譯註：ハコスカ（Hakosuka），日產第三代Skyline，代號C-10。
15 譯註：日本茶道宗師千利休選擇日常生活中的各式器皿當茶具，例如：將插花用的瓢簞當成盛水器。意指善用日常生活之物，合用就好，不受過去習俗束縛的觀念。

利休所做的「不刻意設計的設計」

山口 利休所做的，並不是將原有的時尚變得更時尚，而是擺脫時尚使其變得時尚。

水野 跳脫最佳化，以更上層樓的最佳化為目標。就像把竹子切成一段一段，再將盛開的牽牛花隨手插在裡頭一樣。

山口　我想，當時的人對於利休，應該有種「真是敗給他了」的感覺。那時候的高級品是來自朝鮮的瓷器，成色極佳且手感光滑，也甚少雜質。利休卻在當時特意使用手工捏製的歪歪扭扭瓷器。

水野　利休在這方面真的是天才啊。日本的極簡主義之所以聞名世界，或許就是源自利休的世界觀。

在山口先生面前不需要多加贅言了，不過，利休的美學觀念與純粹剔除一切的禁欲克己不一樣。長次郎[16]為利休燒製的樂茶碗，不僅沒有去除殘餘釉藥，造型也是歪歪扭扭。他特意留下了手工捏製的痕跡、材質本身的美與偶發的自然之美。這是以日本自古以來天地萬物皆有靈的想法為基礎，所衍生的日本獨特美學觀念，利休便是透過「侘茶」[17]成就「缺憾之美」。

山口　任何人自有一套創造同樣世界觀的方法。我曾看過影片介紹美體小舖（The

Body Shop）創辦人安妮塔・羅迪克（Anita Roddick），真的覺得她的世界觀非常酷。她在萊雅（L'Oreal）收購美體小舖後賣掉股票，成了超級富豪。可是，她平時還是穿著牛仔褲配白襯衫，開著一輛老舊的福斯 Golf。

水野 不禁讓人差一點就要對她說：「您是不是稍微注重一下穿著打扮比較好……？」（笑）

山口 這是安妮塔・羅迪克獨有的風格，也算是一種「見立」吧。因為她有自己的世界觀，就算她有別於以往開名車勞斯萊斯、穿著奢華的禮服，我相信也能創造出截然不同的世界觀。

16 譯註：樂家初代名匠。樂家的「樂燒」是桃山時代最具代表性的茶碗之一，乃是繼承千利休於天正年間所倡議的茶道理念所燒製。

17 譯註：指閒靜情趣的茶道風格。

愛馬仕的月亮與日本人的賞月

水野　提到以打造完美為目標的品牌，我想到的是愛馬仕和海瑞溫絲頓（Harry Winston）所代表的珠寶品牌。

不過，我認為我們買的東西、平常光顧的店家或使用的物品，都需要偏離正軌。

山口　我覺得海瑞溫絲頓確實完美得無懈可擊，而愛馬仕在偏離正軌時也做得不錯。我幾年前在巴黎的Santnore逛街時，看見空中飄著大量泡泡。當時正值午後，泡泡在燦爛日光照射下，散發彩虹般的耀眼光彩。而每個人深怕一碰就破的泡泡會濺濕自己，紛紛嬉鬧閃避著，那幅情景真是猶如電影畫面般美麗。

那是愛馬仕總店的惡作劇。在總店二樓的露台架設機關，各式大小的圓圈就在旋轉途中潛進裝有肥皂水的大盆子，再用大型電風扇吹出大量漫天飛舞的泡泡。我覺得這正是巴黎的精髓所在，而這就是愛馬仕的世界觀。

水野　很有童趣啊。光是想像就覺得很美。

山口　愛馬仕銀座店也很有意思，曾舉辦奇妙的鋼琴獨奏會，並訂在滿月的那一天月正當中，也就是月亮最圓的時刻開場演出。

水野　那不是已經很晚了嗎？

山口　開場時間因時而異，有時會在晚上八點，甚至還有半夜三點才開始的。我也曾受邀參加，只能搭直達電梯前往會場，裡頭則是一片漆黑。僅有銀座街道上的霓虹燈光以及月光透過玻璃磚牆灑落進來。現場聽眾就在沒有座椅的黑暗房間裡，圍坐在鋼琴旁等待，直到月正當中的那一刻，演奏才開始。

那樣的演出真是既瘋狂又令人匪夷所思，卻充滿故事性，詼諧逗趣的世界觀實在讓人驚嘆不已。

水野　茶道中有所謂的「景色」。日本人原本是非常喜愛也擅長打造美輪美奐的景色，上至庭園，下至器皿，所有細節無不精雕細琢。令人遺憾的是，近幾年來足以展現世界觀的實例，僅有BALMUDA與良品計畫而已。

山口　賞月不光是看月亮而已。懂得欣賞水中月，同樣喜愛杯中月，也愛跟一群人飲酒玩樂的正是日本人。

創造新價值

水野　「好東西」的價值標準會隨著時代變遷。尤其是「奢華」的概念，近幾年來有了大幅的改變。

我前陣子為了考察而四處走訪紐約的旅店。像強行軍一樣，在三天內看了超過四十家，差點沒累死（笑）。旅館業界現在愈來愈有意思了，不再純粹只是住宿設施而已，還加速回歸至過往具有社交場合的功能。

一九九九年於西雅圖開設的「王牌旅店」（ACE HOTEL）為旅館業界帶來革新，後來陸續開設了貼近在地生活、雖不華麗但充滿設計意識的旅店。紐約也在二〇〇九年開設「王牌旅店」，並在二〇一二年開設「諾瑪德旅店」（The NoMad Hotel），徹底改變當地的人流。過去蕭條的地段成了廣受矚目的區域，許多時尚店鋪也如雨後春筍般林立。

從此以後，不走奢華路線、個性十足且有趣的旅店在紐約相繼出現。其中最引人注目的，我覺得是二〇一七年開幕的「大眾旅店」（PUBLIC Hotel）。

山口 「大眾旅店」的創辦人是伊恩．施拉格（Ian Schrager），他是七〇年代在紐約成立經典迪斯可舞廳「54俱樂部」（Studio 54）的傳奇人物。據說當年的「54俱樂部」是安迪．沃荷（Andrew Warhol）、艾爾．帕西諾（Alfredo Pacino）、艾爾頓．強（Elton John）等知名人士的聚會場所。

水野 是啊。伊恩在一九八四年也開設了「摩根斯旅店」（MORGANS NEW YORK），因為大廳開放的對象不限於住宿旅客而備受矚目，他把這項舉措稱為「旅店大廳社交」（Lobby Socializing），往後由他經手的時尚旅店也同樣堅持這項作法。

除了都市旅店、商務旅店、度假旅店這些耳熟能詳的分類之外，這幾年來又多了「社區旅店」（Community Hotel）一詞，如今儼然成了一大趨勢。
「大眾旅店」的大廳同樣也有舒適的共享空間，從早上到深夜，都能享用美味的咖啡與熟食。不僅如此，還有由三星主廚把關的餐廳、藝術空間與景觀優美的高空酒吧，因此每晚都有一群時髦的人大排長龍想進酒吧朝聖。

不過，雖然標榜是「時尚旅店」，在紐約卻是有著以最低價一晚一百五十美元起跳的實惠價格。客房是小了點，但是內裝品質相當高。至於他為什麼能夠做到物美價廉？是因為他們將奢華旅店應有的各項服務全部取消，由旅客自行操作iPad辦理入住，旅店不設行李員，也不提供客房服務。啊，不過由於這家旅店太受歡迎，所以現在漲價了不少。

類似概念的旅店已在紐約氾濫成災，任何一家的標準配備都是精簡客房，再搭配設備完善、可免費使用高速Wi-Fi的共享空間（笑）。白天你可以待在共享空間用Mac工作，晚上也可將共享空間當成社交場所，諸如此類。

山口　翻閱經典旅店的歷史，我認為旅店原本就具有社交場所的功能。而這項功能時至今日才又死灰復燃吧。

水野　正如山口先生所說的。旅店為了與旅宿平台Airbnb一決勝負而重新尋找本身的獨特價值，於是回歸社交場所的概念。除此之外，我覺得「奢華」的概念也與以往不太相同了，尤其是對Y世代來說更是如此。

行李員彬彬有禮地替旅客拿行李、在三星級餐廳享用魚子醬與高級葡萄酒曾是奢華的象徵，如今著重的價值則是「本店獨有的體驗」，包括如何在Instagram上打卡能更好看（笑）。

山口　日本政府在二〇一九年十二月表明，「針對富裕階層的奢華旅店數量不足，國家將協助開展五十間旅店」。我也這麼認為。畢竟實在有太多評價不錯的旅店，實際入住之後卻發覺品質相當差。另一方面，我倒覺得應該多開一些比商務旅店高檔，但不算是奢華的個性旅店。如今東京與京都雖然多了不少有趣的旅店，可是就整體來說，還是不夠。

水野 不僅旅館業界有所行動，餐飲業也同樣如此，或許餐飲業還更早展開行動。日本各地也有打著以品味當地特色的高檔餐廳，吸引饕客前往大啖美食。光是喝羅曼尼・康蒂（Romanee-Conti）頂級紅酒還算不上是奢華的餐飲（笑）。

日本各地有許多魅力尚待發掘，若是能看清自身擁有的魅力，塑造出完整的世界觀並且對外宣傳，仍是有機會擴展無限可能。

世界觀始於知識

山口　能夠創造世界觀的人，和建立極佳品牌的人，便是所謂的情節製造者。優秀的設計師大多喜愛各類電影或文學作品，自己也因此擁有各式各樣的世界觀，這就是一般常說的「點子王」吧。以水野先生的表現來說，正是「世界觀始於知識」。

這些知識未必全是高深莫測或刁鑽偏門的。電影或文學之所以能成為流傳後世的佳作，就是因為它的世界觀具有普遍性與大眾化的特質。

水野　因此，想要增加知識，平時卻老在加班是行不通的，仍需要有時間去多多充實自己。這十五年來，我都在大力提倡「下午三點下班」，但是對設計師來說，如果不強制要求的話，大家通常都會在公司待到深夜。雖說近年來勞動改革制訂了不能隨便加班的規則（笑）。

想要創作出一定水準以上的作品，確實需要時間。不過，花在工作上的時間，不是只用來處理例行作業而已。就像我前面提到搭新幹線時，會遠眺窗外的人家，呆呆地想像他們的家庭結構（笑），甚至我還會鉅細靡遺地想像，等到哪天工作需要，就能立刻派上用場，加快完工的速度。

所以說，重點不是身在何處，而是有沒有多留一些「動腦的時間」。我覺得，不僅是設計工作者，各行各業的人最好都能打破「長時間待在職場，才能會想出好點子」的迷思。如此一來，日本也許會再次出現許多創造世界觀的名人。

山口　我明白你的意思。我們能不能增加自己的知識量，取決於平時看過多少電影、走過多少街道、讀過多少書籍、接觸過多少藝術。如果每天工作到三更半夜，是根本不可能增加知識量。

因為知識是時間的函數，花愈多時間輸入知識充實自己，自然就能累積得愈多。輸入的知識量會日積月累形成自己的品味。輸出自己的想法並不會增加知識量，因此，若是只輸出工作上的想法，便會離品味愈來愈遠。

水野　重新檢討生活方式很重要啊，畢竟輸入的知識量會隨時間的運用方式而改變。

山口　我之前在電通工作時，有人對我說：「你去看電影，去看書，去看舞台劇或演唱會什麼都好，總之目前流行哪個就去看。」現在想想，這真的是一項好建議。不過，大多數人不明白，「看這些究竟有什麼用處？」

可以說，各家企業都有這種情況，因此，大家傾向將時間花在更能直截了當輸出想法的輸入方式上，例如：「學習 Excel 對工作有直接幫助」。

話雖如此，輸入看似毫無用處、與工作無關的知識，正是以創造故事、創造世界觀的形式輸出自己想法的材料，而且這些知識也可說是形塑品味的材料。

水野　輸入的知識，最後成功輸出變成暢銷產品的機率有多少呢？對此，我還沒見過相關的研究，也尚未有可靠的證據足以證明，輸入多少東西就能夠輸出多少質與量。不過，在看了這麼多設計師與創作家的例子，我深信擁有豐富知識與廣泛經驗的人，更有能力想出絕佳點子。

不過，一般認為，沒有明確的證據能足以證明設計的效果。舉例來說，有位設計師設計了飲料公司的案子，創意總監與客戶都稱讚說「設計得不錯」，可是，設計的成果是否能暢銷？打擊率有幾成？這些都得經過市場考驗才能得知，就算賣得不錯，也不知道設計的成效的占比有多大——我總覺得，這份無可奈何正是導致設計每況愈下的一項主因。或許也可以說是把設計師慣壞了。

我認為自己的打擊率有超過九成。一般來說，銷售額成長一．五倍算是低的；若是有我相助做出符合該公司特色的產品，銷售額即可成長兩至三倍。

我的打擊率如此高，是因為我具備能將世界觀最佳化的知識。我始終認為，最重要的是多輸入知識充實自己，思考如何創造出暢銷的設計，進而展現成果。

因此，我也不時對員工說，要多充實知識，多去走走看看、親身體驗各種事物，並且盡量提供他們這類機會。

設計師若是創作不出暢銷的設計，便無法培養社會大眾對設計的信賴感，所以我還是想做出一些成果。

山口　正如我先前提到羽生先生曾說過的話，堅持不懈輸入知識，便是水野先生的才華。一般有所謂的天才型與努力型，一下子就學會的屬於天才型；需要花時間勤奮不懈的就是努力型。

然而，大約半年前，我發覺自己搞錯了。過去總覺得，努力型的人會認為自己要努力而勤奮不懈；天才型的人會因為覺得有趣而投入但不見得會努力。可是，天才型的人實際上花費的時間比努力型更多，所以他們能夠一直喜歡某件事物。這一點對個人及對公司而言，都是一項競爭優勢。

水野　設計公司有不少員工都是「從小就喜歡畫畫，所以選了這份工作」。就這一點來說，他們便是保持天真無邪的赤子之心從小畫到大，才能練就一身繪畫與設計的本領。

因此，對畫畫能夠一直樂在其中，本來就是一項才華。不過，我覺得畫技優秀是一項結果，不算是才華。積累訓練與知識，需要的是努力，不是嗎？

意識到這一點後，我發現輸入的知識範圍會更廣泛。我甚至認為，像慶應大學畢業生那樣從事的行業與設計無關，以及從事製造業的人們，同樣擁有山口先生所提到的美學觀念。

山口　換句話說，水野先生認為，一般人也有可能透過語言學習品味與美學觀念嗎？

水野　我認為某種程度是可行的。雖然要花一點時間。

我在演講之類的場合，常遇到有人問我要如何提升品味？我建議一開始先從「認真」看東西開始。

畫素描要求的並不是畫技，而是觀察力。以眼睛來辨識，會產生模稜兩可的結果，因此往往根據自己的主觀認定看待大多數事物。例如：畫長頸鹿，所有人都是把身體塗成黃色，再加上棕色的斑點。但事實上，長頸鹿的身體多半是棕色，斑紋之間則是米色（笑）。首先拋開腦袋裡的主觀認定，「仔細觀察」眼前的東西，就是提升品味的第一步。

山口 這也可以當成創造世界觀的絕佳訓練方式。

Part 3 創造未來

如何建立品牌的世界觀？

山口 談到創造世界觀的方式，我覺得有一間公司很有意思，那就是馬自達（MAZDA）。一般來說，汽車的體驗中心通常是以白色為基調，搭配光可鑑人的地板吧。

水野 馬自達最近的體驗中心，就換了像咖啡廳一樣沉穩內斂的木紋地板。據說這類的體驗中心叫做「新世代店鋪」，整體感覺明顯不同以往。

山口 沒錯，當馬自達飽受「實用」競爭之苦，便下定決心朝品牌化發展，否則無法贏得生存競爭。於是，公司祭出「造物革新」的口號，推出以魂動（KODO）為設計理念的原型概念車。

不過，與其說前田育男先生（常務執行董事，負責設計與品牌風格）將造物與設計聯動，不如說他是決定了「創造品牌的樣式」。範圍不僅限於車子這項物品，而是透過銷售店到廣告等各個領域進行全面的視覺傳達設計。因為要朝品牌化發展，除了設計以外，背後也要有故事。這一切雖然是由前田先生主導，但是馬自達也成功完成了這項艱鉅的挑戰。

我認為這與水野先生的工作方式有相通之處，例如：中川政七商店、相鐵集團、茅乃舍高湯等等。

水野　你了解的真仔細。總歸一句話，只玩表面上的設計並不會產生效果。這幾年來，我最常被詢問的問題是：「我不知道要從哪裡著手，也不知道問題出在哪裡。可是，我知道不能再繼續這樣下去，必須要有所行動。」（笑）。

我與大多數客戶都是簽訂全年契約，可以花時間慢慢建立品牌。不過，一開始我會先詢問對方的經營狀態，鉅細靡遺了解一切，包括從事哪一種事業、進展順利與不順的事業項目的所有數字及利潤變化趨勢、需花多少預算可以改善、公司內部的資源等等。

如此一來，假設要成立品牌，我就能根據這些資訊形塑品牌的定位與世界觀，例如：製造什麼樣的產品、成立什麼樣的品牌、目標是什麼、取什麼樣的品牌名稱、產品定價多少、品牌調性為何……，最終再進入實質的設計作業。我的公司雖然叫作「good design company」，但是設計的前置作業就佔了一大半（笑）。

話雖如此，若是沒有替品牌形塑完整的世界觀，自然展現不出成果。

山口　水野先生經手的企業中，有沒有印象比較深刻的？

水野　茅乃舍高湯在邀我合作之前，已經是成熟的品牌了，所以一開始我覺得沒有可以發揮的餘地而拒絕過一次（笑）。即便如此，在動手設計之前，我與茅乃舍花了十個月左右的時間認真討論及規劃品牌。

順帶一提，茅乃舍是「久原本家」這家公司旗下的一項品牌。它是老字號品牌，人氣及銷售量歷久不衰。不過，久原本家最令人佩服的一點，便是絕不為此沾沾自喜。因此，我不時在建立品牌時尋找新的課題，並且更新細節。

山口　茅乃舍不是一間公司的名稱嗎？我妻子很喜歡下廚，我們家也算是這家品牌的重度使用者，竟然不知道這件事（笑）。

沒錯，朝品牌化發展需要時間，我在工作上與前田先生交流後也對此深有體悟。前田先生在二〇〇九年出任馬自達設計總監之際，面臨到的最大問題就是每四至五年就會換一位設計總監。

馬自達長久以來都是福特的子公司，不僅社長是美國人，領軍設計的高層也來自美國，所以每個人都是待個五年左右就回國了。

水野　這樣做，中間會有斷層吧。這也是製造大廠的一大問題。尤其打造汽車品牌是一場長期戰，這樣真的很難做啊。

我現在做的工作相當於相鐵的基礎建設，鐵路事業的時間跨度真的相當長。我深刻體會到，這項工作的時間概念與一般產品截然不同。

山口 確實如此，汽車的品牌化也相當耗時，需要以十年為單位的中長期觀點來創造相關故事，例如：希望哪一類顧客在什麼樣的情境下使用汽車。然而，四到五年後就要回總公司的人，為了要在自己的短暫任期內提升業績，想法就會產生分歧。

馬自達在二〇〇八年的雷曼衝擊（Lehman Shock）後，便與福特解除資本合作關係，據說前田先生在接棒之際，就先擬定了計畫，包括設計概念與設計戰略。像是什麼樣的人開怎樣的車種才是最理想的呢？馬自達這家公司在全球汽車廠商中的定位是什麼？前田先生說他無時無刻都一直在思考這些問題，前後花了一年左右的時間。

水野　對於東證第一部上市公司來說，能讓他思考這麼久真的很難得啊，他是為了徹底思考「有意義」這件事吧。

山口　若是能在創造世界觀的過程中持續思考，往後即使車種改變，依然能維持公司步調的一致性。所謂「創造自己的故事」，換個說法，便是做出「放棄規模化」這項重大的決定，也就是為了鎖定某個客群會使市場規模縮小。對於一家市佔率僅僅四％左右的公司來說，做此決定更需要莫大的勇氣。

馬自達也許決心在往復式引擎（Reciprocating Engine）[1]這項小眾領域上一決勝負吧，雖然前田先生沒有說得這麼明確。儘管絕大多數汽車有可能不再使用往復式引擎，而是改用電動馬達，馬自達仍鎖定「喜歡往復式引擎」的客群，試圖成為能讓這群消費者持續購買的品牌。

水野　即使自排車已成市場主流，愛車族中還是有不少人會開手排車吧。就連我的車窗也不是時下的電動車窗（笑）。我兒子抱怨說：「開窗有夠麻煩。」我還回他：「雖然麻煩，可是你也知道這輛車很酷吧？想坐這輛車就不要去想開窗不方便。」（笑）。

若是退出以大眾客群為主的規模化競爭，本身的「風格」便能脫穎而出形成品牌。對於前景感到茫然的企業來說，這倒是相當啟發人心的故事。

---

1 熱機（Heat Engine）的一種，往復式引擎也稱為活塞引擎（Piston Engine）或活塞發動機。

捨棄日本的「大眾市場」，邁向國際化

山口　若是拿國際牌（Panasonic）與BALMUDA相比，國際牌在大眾客群的競爭中佔有絕對優勢。儘管它與BALMUDA的客群規模猶如天壤之別，但是談到「哪一家品牌的產品開發能力最好？」目前則是BALMUDA大勝。我認為往後的時代，「數大便是美」已不再吃香了。

水野　BALMUDA在國外也深受「喜歡這個領域的人」所支持啊。

山口　良品計畫的銷售額也有五〇％來自國外，表現依然亮眼。在全球各地發展的企業具有世界觀，對於產品的使用場景也提供了具體的建議，這是因為設定了明確的目標客群。說得確切一點，這些國際企業不僅設定了「希望購買的客群」，

也設定了「不會來消費的客群」。而我認為日本的企業非常不擅長鎖定目標客群，也許是因為害怕市場變小吧。

話雖如此，如果明確設定了希望購買的客群，這類客群又是很時尚或者很酷的，嚮往能成為這類族群的人自然會想購買產品。因此，最好不要想討好所有人。

水野 也就是「捨棄大眾市場，邁向國際化」吧。若是捨棄日本的大眾市場，便能在遼闊的世界大海中遨遊，真是充滿雄心壯志的一番話啊。不過，我是在茅崎長大的（笑）。

山口 說得真好。我可是住在葉山的（笑）。

身在紅海，方能找到自己的定位

山口　截至目前為止，我與水野先生談到了「從文明到文化」、「從實用到有意義」，以及創作故事的方式。將超出言語所能表達的資訊量融入設計中，便是「世界觀」或「品牌」。

我認為對於企業或個人來說，未來最需要的就是創造世界觀，它也可說是一種求生戰略。所以我想問問水野先生，如何提高美感的競爭優勢？設計又該何去何從？

水野　我也很想跟山口先生多聊聊（笑）。先前提到要航向世界大海、邁向國際化，但是在日本仍有不少地方需要發揮設計與審美觀，我甚至覺得有許多事情都還沒做。

與海有關的，有所謂的「紅海」[2]一詞。有一種說法是「紅海的競爭對手太多，勝算太少，不如將目標放在競爭對手較少的藍海[3]」。不過，我對這種說法有些疑問。日本如今充斥著各種物品與服務，任何一個領域其實都已經是殺成一片血紅的紅海。儘管如此，依然有辦法贏得生存競爭。

山口　殺進紅海並以世界觀獲取成功的案例，莫過於星巴克，雖然這例子已是老生常談了。如果我是家財萬貫的投資家，當創業家霍華德．舒爾茨（Howard Schultz）來找我簡報、希望我能提供資金，我應該會拒絕他吧（笑）。

「我想開連鎖咖啡店，希望你能出資協助創業。我打算以七美元的價格販售熟食店賣一美元、平價餐廳賣兩美元的咖啡。裡頭雖然禁菸，但是店內環境舒適。」

僅從技術條件來看，根本看不到獲致成功的要素，不看店鋪實際情況、只聽經營概念的話，應該也無法理解他的企圖。但他卻成功以世界觀闖出名堂，並在全球拓展據點。

水野　星巴克最厲害的一點，就是沒有推出電視廣告或者在車站張貼海報等視覺行銷，頂多在店門口貼出星冰樂等產品上市的海報。他們只憑店鋪的室內設計、制服、杯瓶、馬克杯、商標，與其他咖啡店一決勝負。

山口　他們應該是有計畫將顧客當成最強而有力的傳播媒體吧。他們最大的特徵就是沒有請知名藝人拍攝喝星巴克咖啡之類的電視廣告，也沒有採取強制的傳播手段，要求消費者接受他們設定好的使用者形象。

然而，不論是六本木之丘或東京中城，都會看到人們在上班途中順路走進星巴克，外帶一杯大杯拿鐵，手上拎著一件外套或公事包，快步走向公司的情景。這種真實的日常情景，對星巴克來說正是最有力的傳播媒體。

水野 不僅如此，受到Instagram這類網路社群火紅的影響，我覺得星巴克的風格也因此更上層樓。他們以「自身的」星巴克世界觀為目標，向大眾傳播「我獨自在星巴克喝拿鐵」的故事。這一點真的很厲害。

山口 這個世界觀非常了不起啊。有許多喜歡「我獨自在星巴克喝拿鐵」這一幕的人，都會覺得把星巴克的玻璃杯帶到辦公室的情景十分美好。商標上的女妖圖像與文字，店內的燈具及沙發等，雖然全都朝品牌化發展，不過，所謂的品牌，終究是由前來的消費者所創造出的象徵。

對星巴克來說，他們差不多完成了西雅圖式的第二波咖啡浪潮世界觀。「我無法想像沒有星巴克的日子要怎麼過。要我再回去喝羅多倫咖啡（DOUTOR coffee），我寧可去死。」這樣的人似乎還不少（笑）。

水野 在殺得血紅的紅海市場裡，仍有方法可以創造「個性」。星巴克置身競爭如此激烈的咖啡業界紅海，還是有因應之道。反正還有其他的紅海市場，不一定要一頭栽進咖啡紅海吧（笑）。

山口　像小津安二郎風格的純咖啡廳，或者復古風的咖啡廳依然深受人們歡迎。

姑且不論咖啡業界，各個產業都有可能憑藉「故事」進軍紅海市場。咖啡產業已是沒有成長空間的成熟產業，儘管因為過度競爭而使坪效[4]縮減，然而，星巴克仍可以成功突圍。

我們往往認為既有的傳統之物已發展得足夠成熟，但只要能夠提供故事及場景，仍是可以將價格抬高三倍。將價格抬高三倍，意味著即使顧客少了一半，或者更極端一點只剩下三分之一，營業額依然會成長。

如今日本的人口明顯減少，整個國家若是不調整發展的方向，未來將會岌岌可危。在產品上加入一堆沒必要的功能，結果賣不出去，又再繼續增加其他功能；我真的覺得這條走不通的路應該要放棄了。

2 經營學的專有名詞，指進行血淋淋價格競爭的既有市場。

3 經營學的專有名詞，指尚未存在競爭的未開拓市場，或是還未出現競爭對手爭相投入及研發新產品與服務的市場。

4 譯註：每一坪賣場面積可以創造的營業額。

麥肯錫式的設計經營理念能發揮作用嗎？

山口　我認為所有產業的發展方向有兩種。

一種是時尚經濟。當「實用」的時代結束，物品便成了展現自我的工具。冷氣機不單只是消暑降溫的工具，而是可以配合使用者喜愛的室內設計來挑選合適的冷氣機。另一種便是服務產業化的發展趨勢。

截至目前為止，日本的製造業都在穩步成長，但是要朝這兩個方向發展的話，就一定要轉換價值。因此，未來需要的人才是能夠轉換價值的人。至於是哪一種人才？這種職業的名稱還未知。若是以現有的職業來說，我認為是創意總監。

水野　所謂的職業，是先從一份工作做起，做久了才形成所謂的「職業」。例如：廣告製作（CM Planner）一詞，至少在一九七〇年代對大部分人而言還是個陌生的名詞。我從事的創意總監工作，也是直到最近才漸漸廣為人知。不過，我倒是覺得這種職業是突然間打開了知名度，可見人們不再只追求「文明」，而愈來愈需要「文化」以及「創造意義」的工作。

山口　我想到了一個例子，那就是麥肯錫（McKinsey）在二〇一五年收購了LUNAR這間設計公司。

水野　那可是經手過NIKE、可口可樂等知名品牌廣告的老字號設計公司啊。

山口　波士頓顧問公司（Boston Consulting Group）也曾將設計公司納入旗下。像這類以事業策略見長的專業顧問公司紛紛去收購設計公司，足以證明現今社會需要的是真正能夠創造世界觀的人才。

水野　我聽到那個消息時真的嚇了一跳。我一直認為自己這輩子不可能進麥肯錫或波士頓顧問公司，現在似乎看到了一線曙光（笑）。

山口　不用去那裡工作啦（笑）。

我只是從局外人的角度來看而已，但老實說感覺還真是一團混亂。他們會弄得焦頭爛額的最大原因，是不知道最後該如何選出好的設計、如何進行決策的流程，也就是沒有建立一套創意管理機制。我想，建立「如何管理創意」的決策機制，將是今後顧問公司的主要課題。

水野　說實話，我最近發現來找我的工作邀約方式有點不同。在好幾年前，很少有透過廣告代理商洽談，絕大多數是客戶直接找上門。大企業直接聯繫我的情形雖然逐年增加，但是最近也多了透過顧問公司、投資公司、銀行介紹的工作邀約。

山口　委託內容是有關經營改革嗎？還是設計方面的呢？

水野　兩種都有。現在的銀行已經不太能靠利息賺錢，更別說靠貸款。最後只能由企業投資，需要的話也得插手經營，大刀闊斧改革放款對象。從前投資公司所做的事，如今地方銀行也得開始認真執行了。

只要具備經營顧問公司的能力，就足以做到規劃經營策略。然而，不論擬定的策略何等卓越，最後實踐的品質若是不佳，仍是徒勞無功。感覺就好像經營顧問規劃再多，如果不能像設計一樣展現明確的最終成果，終究會乏人問津。

這就是知名顧問與銀行高層聯繫我的原因。這類案例自三年前開始慢慢變多，但這一年出現暴增的趨勢。

山口 顧問只提供顧問諮詢的時代已經結束了，若是無法將顧問諮詢的內容規劃到具體可行的地步，便難以獲取高額利潤。麥肯錫收購LUNAR設計公司對我來說是一項創舉，但是水野先生應該平時就有所體會了吧。

當初聽到麥肯錫收購LUNAR的新聞，我認為一定會失敗。老實說，我還真蠢啊（笑）。

水野 你竟然這麼想嗎！（笑）

山口 （笑）。我以前也在顧問公司工作過，這類公司通常有著強烈的「實用」觀念，期許自己能在有正確答案的世界裡解決問題。他們認為一加一必定等於二，世間只要有一種標準就夠了。

可是，設計是多樣化的，只有一種標準根本毫無意義可言。若是收購了LUNAR，能提供給客戶卻只有LUNAR的設計，這樣在經營上就會綁手綁腳。

「讓那位客戶跟LUNAR合作，這位客戶就跟good design company合作吧。」像這樣，與外部設計搭配不僅自由度高，也能因應形形色色的客戶需求，自然能提高成功率。

可是，如果是自家的設計公司，就得考慮利潤問題。「為了提高產能利用率，就讓每一家客戶都與LUNAR合作！」結果卻使自己處處掣肘。

水野　的確如此。每個創意團隊都有自己的個性，也有擅長或不擅長的地方，照理說應該根據嚮往的世界觀挑選最適合的團隊，沒想到卻自我設限，陷入無法挑選團隊的窘境。

有的企業會網羅設計師，發展成類似代理商的規模；也有些IT相關企業或網路業界的公司會網羅自己的設計師，可是我常聽到他們發展得不是很順利。

山口　因為這種作法與時代趨勢背道而馳啊。畢竟當前社會以分散式發展大行其道，現在卻試圖把各種角色集合起來組成一個大公司，往垂直整合發展。像昭和時期一樣擁有設計部門的企業，簡直有違時下發展趨勢。倒不如縮小公司規模，與各類型的設計公司攜手合作。

我認為所有公司都應該縮編，就像製作電影一樣。製作人發現了優秀的原創故事，於是籌措資金想要將它拍成電影，接著決定編劇與導演，並與導演討論選角。總之，我覺得根據各個專案的需求組成團隊是不錯的作法。

達文西就像「一人電通」[5]

水野　我覺得企業或顧問公司成立設計部門卻無法順利運作的原因有兩個：一個是輕忽設計所帶來的效果；另一個就是小看了設計師的反骨精神（笑）。

我身為創意總監，率領自家公司的設計師超過二十年，至今還是無法掌控他們，這對我來說是史上最難的工作（笑）。

例如：製作海報，我明明交代設計師「這個地方用這種字體」，結果海報出爐卻是截然不同的字體。

山口 那可是水野先生精挑細選、蘊含歷史與故事及世界觀的字體啊（笑）。

水野 當我問設計師：「咦，這是怎麼回事？」他說：「喔，我覺得用這種字體不錯啊。」我只好再向他確認一次，真的是因為這個理由才改字體嗎？結果他說：「呃……因為我做得太專注，忘記你交代的事了。」該怎麼說呢……這個人很隨興吧（笑）。

山口 所以還是需要建立創意管理機制啊。

水野　設計師大多都滿有個性的，有不少人的態度就是「我才不管別人，我只想一個人畫畫。」就業界情況來說，這一點有些令人汗顏，不過，考量到商務未來要與設計攜手合作，這倒是出乎意料的一大問題。

山口　話雖如此，水野先生在商務與設計方面都游刃有餘，應該可以成為兩者間的溝通橋樑。位居設計總監的人，不就是能夠跨越美學藝術領域與商業領域的藩籬，居中扮演牽線角色的人嗎？

這樣的人，我想到的是達文西。我讀過不少他的書，前幾天也寫了華特·艾薩克森（Walter Isaacson）所著的大部頭傳記《達文西傳》（中文版為商周出版）的書評，達文西正是集商業總監、畫家、設計師、工程師等諸多身分於一身的人物。這類工作在很早以前並沒有涇渭分明的界線，應該是最近一百年才有明顯的劃分。

就現代而言，達文西算是廣告代理商吧。

水野　他既是藝術家，也是科學家，是一位相當多才多藝的人，但好像沒辦法把他跟代理商聯想到一起。

山口　因為〈蒙娜麗莎的微笑〉與〈最後的晚餐〉等作品太出名，所以達文西的「畫家」身分的知名度相當高，可是他完成的作品僅有十件，稱不上是職業畫家。感覺像是基於興趣，心血來潮才揮筆作畫。

既然如此，達文西究竟以何謀生？其實他主要的工作是研發武器、規劃都市等等，相當於現代的智囊團或管理顧問公司。他曾擔任著名的教皇軍指揮官凱薩・波吉亞（Cesare Borgia）的軍事工程師。有趣的是，據說這份工作的其中一項職務是「宴會策劃」。因為十五世紀中葉的義大利，每逢貴族女性結婚就會舉辦盛大婚宴，廣邀鄰國貴賓參與，達文西便是一手包辦宴會所有節目的總策劃。

當時與會賓客的感想，至今仍能找到相關記錄：「今天的婚宴太精彩了，戲劇表演有空中飛人，還有獅子突然從觀眾席冒出來噴火，真過癮！」這些橋段都出自達文西之手，真的能稱得上是「一人電通」。

水野 達文西不但有能力創造世界觀，也具有策劃能力。

山口 達文西就像「一人電通」，可以說是創意總監的老祖宗啊。創意總監這項職務直到最近十年才廣為人知，但我覺得早在六百年前就有這份工作了。

5 譯註：電通為日本知名跨國廣告公司。「一人電通」指企畫、業務、宣傳等等全都一手包辦。

賈伯斯是具備設計師眼光的經營者

水野　假設我們定義「創意總監＝以創造世界觀為業的人」，那麼我真的很好奇這些人到底從哪裡而來？

如果他們是來自設計領域，倒是可以理解。不過，我覺得光那樣還不夠。我在慶應大學教課時曾對學生說：

「假設有間電影院，裡頭的三百個座位全是創意總監的專屬席次。可能只有三個或四個人坐在裡面，場地會空盪盪的。」

山口　日本需要三百名創意總監嗎？

水野　我認為需要。所有商業活動應該都需要創意總監，但實際上卻找不到半個符合這個身分的人。我的意思是，確實有不少人是掛著創意總監的頭銜，但是沒有一個人能符合我心目中創意總監的標準。

山口　那麼，水野先生心目中的創意總監是誰呢？

水野　第一個當然是賈伯斯，還有一個是掌管星巴克世界觀的幕後推手，雖然我不知道他是誰。星巴克創辦人霍華德．舒爾茨退任後，是由誰來負責呢？除此之外，迪士尼樂園也做得很不錯。

我心目中的創意總監不但能創造品牌的世界觀，也能同時顧及經營與商務。這樣的人可以一邊觀察創意與設計的細節，一邊勾勒企業與品牌的願景。

山口　所以你才會說賈伯斯啊。我覺得賈伯斯是非常有設計師眼光的經營者，可是他不是設計領域出身。他很熟悉科技，但是大家都知道，他並不算是頂尖的工程師。

要說他會畫素描嗎？倒也不見得；至於工程師的實務，則是由另一位史蒂夫——史蒂夫．沃茲尼亞克（Stephen Wozniak）負責。

話雖如此，賈伯斯對於自己想要創造的功能以及介面設計卻有十分清晰的藍圖，這正是他的真正本領，因此才有可能創造 Apple 的世界觀，甚至打造出由 Apple 產品構築的世界。

水野　在日本經手 Apple 廣告的日籍創意總監曾原剛先生曾對我說，賈伯斯似乎能看出最終完成版的電視廣告與最初提案時的影像分鏡的極微不同之處，可見他非常富有設計師的眼光。

我認為設計師可以懂經營，經營者也可以懂設計，甚至有人居中負責溝通也無妨。總而言之，在設計或創造產品之前的階段，需要有人以世界觀為出發點來縝密構思。

日本的功能型手機成了「科隆機」的原因

水野 當 iPhone 登場，宣告智慧型手機的時代來臨，日本的功能型手機便成了「科隆機」[6]。不過，世外桃源的科隆群島最終仍經不起全球化時代的考驗，很快就遭到外來物種入侵。

山口 日本曾有一段時間流行由設計師操刀設計功能型手機，例如：佐藤可士和先生、深澤直人先生等人都曾設計過。

水野 平野敬子女士也設計過。

山口 深澤直人先生設計的 au 功能型手機，造型獨創又奇葩，現在看來也非常出色。不禁令人讚嘆，那個時代竟然能創造出如此獨樹一格的產品。

儘管如此，日本卻做不出iPhone，我覺得問題不在設計師身上，而是缺乏創意管理機制。

水野 意思是指沒有彙整出一套制定決策的流程嗎？

山口 不僅如此，還包括團隊分工、各司其職的問題。探索新技術固然重要，但我認為問題在於以往的作法過於壁壘分明，也就是「功能需求定義由工程師負責」、「外觀上的差異由設計師負責」。

然而，追求理想的功能與介面同樣屬於設計的領域，如果將兩者完全分開，或許就想不出「不要再用按鍵啦！平滑的介面好用又美觀」的巧思，觸控介面也就無緣誕生了。

水野　是啊。如此一來，沒有人可以描繪「未來的手機如果是這樣該有多好」的遠大願景，電信公司依然只做電信公司的事，製造商只在既有的框架裡增加新功能，設計師也只負責外觀的設計。在如此各行其事的環境下，自然無法做出iPhone。

山口　日本的手機產業雖然有創意總監掌控設計，可是能發揮的舞台卻相當侷限，無法涉足技術的部分。我覺得這就是失敗的重要原因。

水野　還有一點，即使企業方委託創意總監坐鎮，結果也不會有任何改變。就像i-mode[7]時期有夏野剛先生，但是後來的情況依然慘澹。

山口　美國Ziba Design策略總監濱口秀司先生曾說，公司的事業分成數個層級，最上層負責概念及願景，往下一層負責戰略，再往下一層負責戰術與計畫，整個層級的最底層則是負責執行與細部規劃。其中自由度最高的，自然是最上層的概念與願景部分。因為最能自由發揮，這一層級本來是拉大戰略差異的最好機會。

但事實上，企業投注最多時間、心力與勞動力的卻是最底層，也就是負責執行與細部規劃的部分。以手機為例，便是宣傳、網速、機型變更。像功能型手機的時代，一年就要在春夏與秋冬分別推出兩次新機型，某家廠商甚至生產了五至七種機型。

水野 像是會發出七彩光芒（笑），或造型稀奇古怪的機型，總之就是「設計過剩」。

山口 在這種情況下別說世界觀，根本也不會討論到未來的科技。

「你負責外觀設計」、「你負責提高網速」、「你負責提高相機的畫素」，若是各個領域都只顧及半年後的目標，所有人就無法展現自己的實力。

6 譯註：日文為ガラケー。由科隆群島（ガラパゴス諸島）與手機（ケータイ）組成的單詞。意指智慧型手機尚未普及前，日本所使用的功能型手機。因為是日本獨自發展的手機系統，猶如太平洋上與世隔絕的科隆群島，不曾與世界上主要陸地相連接，島上的許多生物便只在島內進化。

7 譯註：i-mode 是日本電信公司 NTT DOCOMO 提供的一項服務。用戶只要使用 i-mode 對應機種的手機，就能收發電子郵件以及瀏覽網站。這項服務是手機上網服務的先驅，其他通信企業也開始提供類似服務。

企業如何建立創意管理機制？

山口 水野先生與各家大小企業合作過，你覺得建立決策機制很困難嗎？

水野 直接與有決策權的人共事，是我的不二法則。我接案的條件之一，就是先請對方訂出明確的決策流程。

最順利的合作案例是與最上層取得良好溝通，高階主管全權信任我，說：「水野先生，請你為我們設計完整的世界觀。」主管以下的人員也願意接受我的指令，「我們的技術部門與銷售部門全聽水野先生的指示」、「放手去做吧」，最終結果自然不錯。

然而，當企業規模大到一定程度，高階主管中就會有人出面阻止我「放手去做」。即使高層管理人員與我志同道合，決定「就這麼做吧！」也會有人持反對意見，「不好吧，這不像我們的作風」、「就業績來看，這部分還是刪掉比較好」。

相反的，有的案例是研發負責人十分優秀，為了配合我的需求而在公司內部奔走調度，使得專案進展順利，而這位負責人的業績也表現亮眼。可是，當這位負責人逐漸嶄露頭角的時候，就會有人出來扯後腿（笑）。

總而言之，這是公司內部的問題。愈是深入客戶的組織，站在接近管理階層的立場上工作，就愈容易看到這種場面。

山口 就組織管理來說，我覺得良品計畫做得很不錯。現任會長金井政明先生並不會頻頻出面干涉，經由董事會做出的決議，之後也會在原研哉先生所在的設計顧問委員會上提出來討論，這算是保持適度的緊張關係吧。

水野 這是承襲了創立「無印良品」理念的藝術總監田中一光先生，以及田中先生的合作夥伴兼創意總監小池一子女士的DNA吧。

山口 希望像良品計畫這樣的公司能多一些啊。想要做到這一點，經營者必須扮演製作人的角色，不是由自家公司一手包辦一切事務，而是因應各個專案的需求，從外部招攬工程師或設計師，甚至連工廠也是根據情況所需再尋找即可。

我覺得經營者不妨與設計師攜手合作，發揮創意總監的職責，由雙方一起創作故事更能打造有趣的未來，這樣做總比不厭其煩地進行市場調查並以此來做決定還要好。我並不是預測未來會如此發展，而是在煽動大家要這麼做（笑）。

不過，如今的經營者大多五、六十歲左右，正處於世界變化過渡期。當他們在二、三十歲的時候，所接受的觀念是「與其自己發揮創意來創造物品，不如遵照指示做事」，如今卻要求他們「一定要訂出能展現公司特色的方針，打造出有個性的品牌」，會感到無所適從也是可以理解的。

水野　你說得沒錯。想要建立有管理機制的組織，首要之務便是經營者要能理解創意的重要性，以及「創造意義」的必要性。如果自己沒有能力判斷創意是好或壞，可以從外部招聘創意總監。我在接案時，會說明自己是經營者的右腦。經營者與創意總監，這兩種人最好能組成一個團隊。

接著是改變組織結構。日本經濟產業省與特許廳[8]於二〇一八年五月發表了一份「『設計經營』先行事例」彙整資料，其中刊載了由社長直轄設計部門的索尼（SONY）、馬自達（MAZDA）、佳能（Canon）、TOTO等實例，尼康（Nikon）也在最近追隨了這項舉措。

不過，在這個時期還把這些企業的舉措視為「先行」，老實說很悲哀啊，畢竟大創百貨（DAISO）與三星電子（SAMSUNG）很早就這麼做了。索尼自一九六〇年代起便設有社長直轄的設計室（現在的創意中心），但這類的做法在日本企業仍然很少。

我認為設計與創意部門今後必須由社長直轄才行，如果還照從前僵化的日式組織那樣，下面部門提出來的方案在傳遞過程中不斷遭到駁回再重新提交，還得在公司內部排隊等候審批，那這樣根本無法在「創造意義」的戰爭中勝出。

8　譯註：JPO，日本負責專利申請的行政機構。

創意醫院的病患們

山口　讀了水野先生的著作後我也有同樣的想法，現在有機會面對面交流，讓我再次體認到設計實際上也融合了公司的思想與戰略。

「實用」路線已經沒有前景可言，所以我們必須得創造故事。首要之務便是如何提高日本的美學競爭力。

關於這方面，有三項課題：

一、如何增加有能力創作出優良設計的人才？

二、如何培育創意總監人才？

三、設計師與創意總監向企業方提案之際，如何提升企業方的創意素養？也就是提升創意管理的水準。

若是有像賈伯斯那樣的CEO，自然再好不過。雖然這個人可能會有朝令夕改或性情古怪、人際關係不佳等問題，但是他能提高工作人員的眼界，並且創造出色的產品。

然而，在現實生活中，有不少經營者對於設計只流於膚淺的見解，要求設計師「想出酷炫的商標」。反過來說，也有人基於策略考量而要求設計師「想出會熱賣的商標」，以上這兩種社長都是令人傷腦筋的類型。

當經營者被投資方帶到你公司，並說：「請多多關照。」你接這種經營者的委託會不會覺得很麻煩呢？

水野　我把我們這個地方稱為「創意醫院」，所以主要上門求診的病患大多都病得很嚴重。

有的很明顯已經病入膏肓，尋醫問診也束手無策，他自己也明白「或許已經沒救了」，但仍抱著死馬當活馬醫的心情來找我。通常這類罹患重症的經營者，態度都十分誠懇，所以經過治療後，病況都會好轉。

相反的，有的經營者沒有自覺症狀，而是滿心雀躍地與投資公司前來，開口就說：「東京大師的工作室真是時尚啊。請替我們設計時尚一點的商標，萬事拜託了。」（笑）。

山口 想要讓沒有自覺的當事者有所作為，實在很難啊。

水野 沒錯。對方甚至沒有「想要這樣做」的強烈企圖心，對於公司與品牌的愛當然也沒那麼深厚。開會討論時，他也只說一句「就照水野先生的話去做」便離開了，之後聽了投資公司或總公司的說詞，在下次開會又會變卦：「還是換別的方案吧。」（笑）。像這種情況，就得重新整頓前面提到的決策流程吧。

不過，我覺得工作還是需要有人將滿腔熱忱化為動力啊。我遇過一個例子，有位年輕職員平時在多次開會討論中都不發表意見，但是他的態度卻非常認真，滿懷熱忱地投入專案之中，最後整個團隊也因為他一個人的變化而逐漸改變。

剛才山口先生也提到如今的時代，動力就是最大的競爭力，實際上確實如此。動力就是催生最佳工作表現的最強大能量。

山口 你有沒有碰過自覺「要是放任高血壓不管，將來會很糟糕」而自行前來就醫的輕症病患？

水野 有啊。茅乃舍的「久原本家」就是這樣，與我合作七年左右的宮崎縣燒酌釀酒廠「黑木本店」，也是其中一例。他們雖然並沒有迫切的銷售危機，但是考量到將來，認為有必要朝品牌經營發展。在我的印象中，愈優秀的經營者，愈了解創意醫院有其存在的必要。這與公司的規模大小無關。

除此之外，也有許多公司是家族企業，為了要將事業傳承下去而前來委託。他們的理由是不久的將來會把社長的位置傳給孩子，所以要趁現在好好經營品牌，期盼傳承下一代之後也能順利經營，於是拜託我：「希望水野先生多多關照我們父子兩代。」

山口　沒有自覺症狀的病患中，有沒有人會搞不清楚狀況突然來一句：「這裡用紅色怎麼樣？」我在電通當業務的時候，就遇過這種困擾（笑）。

相關細節都經過充分討論後才決定的，結果對方只是想發表意見，卻一時興起說了句：「紅色比較好。」我也只能回應：「紅色嗎……」再問對方想要換成紅色的理由，對方則回答說：「理由嘛，因為紅色是我的幸運色。」（笑）。

水野　我也常遇到這種症狀（笑）。像這種情況，我就會說：「請不要談論個人的喜好。」「回頭想想當初決定的概念。」

舉個例子，當初相鐵集團在決定制服款式時，大家對領帶的樣式意見紛歧。相鐵專案最初已確定「安全×安心×優雅」的概念。車體顏色採用有橫濱的大海顏色為意象的「YOKOHAMA NAVYBLUE」，制服與外套也決定使用海軍藍。唯獨對於領帶的意見不一，有的說圓點圖樣比較好，有的說斜條紋樣式很不錯。

我只對他們說：「圓點看起來比較優雅嗎？」「斜條紋中左斜向的紋路是美式，右斜向的紋路是英式。相鐵線是偏美式還是偏英式的品牌呢？」最後決定採用清爽俐落的素面領帶。

因此，必須先規劃出品牌的意義、故事以及世界觀，才有辦法在實際設計之前向大家說明。這就是我的工作。

山口　這是非常值得深思的重要概念啊。企業方的熱忱以及產品的願景固然重要，「熱愛」的心念也非常重要。可是，只憑滿腔熱血或喜好厭惡決定一切，有時卻會搞砸設計。

正因為如此矛盾，創意管理才會這麼棘手。

水野　海外企業裡有哪一家公司是能妥善發揮創意管理機制的？

山口　我覺得最具代表性的例子是歐洲的高奢品牌「LVMH」。

水野　酩悅・軒尼詩—路易・威登集團（Moët Hennessy - Louis Vuitton，LVMH Group）的旗下品牌有時尚精品迪奧（Dior）、芬迪（FENDI）、真力時（Zenith），珠寶精品寶格麗（BVLGARI）、宇舶（Hublot），當然，洋酒品牌軒尼詩（Hennessy）也是集團中的一員。

山口　若說他們的CEO貝爾納・阿爾諾（Bernard Arnault）會不會對設計指點江山，恐怕是不會。我想，就算有他也不會承認吧。

LVMH集團把大部分原為家族企業的歐洲品牌納入旗下，打造成跟得上時代潮流的全球品牌，他們確實管理得當，但我覺得他們最出色的是能精準拿捏應該介入與不應介入之間的分寸。

如果貝爾納・阿爾諾看了路易・威登（LV）下一季的服裝系列，開口說：「我不喜歡這個顏色，換成紅色吧。」他們的時尚帝國就會當場瓦解。我覺得這種微妙的距離感，正是日本式管理最難以拿捏的部分。

在對的時機延攬創意總監，產品概念才能多元發展

水野 不是所有人都能成為貝爾納・阿爾諾或賈伯斯，所以有必要如山口先生所說，可以從外部招攬人才。

話雖如此，招聘的時機也很重要吧。例如：有廠商想研發新款清涼飲料水，如果已經決定了具體的產品概念，命令下達到基層，就沒有太多發揮的餘地。都已決定產品是「碳酸檸檬水 500ml」，那麼就只能在命名及包裝上發揮創意。

不過，若是在更高一些的層級就延攬優秀的創意總監加入專案，或許能考慮得更全面，例如：「檸檬口味真的有市場嗎？」「非得要500ml嗎？」如此一來，最後也不必想得太複雜，一切水到渠成，「經過反覆琢磨的故事內容是這樣」、「最能展現世界觀的就是這種設計」。

我認為掌握好時機延請創意總監加入，才不會到最後不管找哪個設計師來做都一樣，只能推出平淡無奇的檸檬水產品，導致銷量慘澹。

山口　以烹飪來比喻，就是在桌上只擺泡麵的情況下去尋找廚師。就算請來艾倫・杜卡斯（Alain Ducasse）[9]，他做出來的菜餚也與一般的廚師不會有太大的區別。如果對艾倫・杜卡斯說：「我們準備了櫻花蝦和味精，請盡情發揮您的創意。」他肯定會感到為難地說：「這樣我有點傷腦筋啊……。」（笑）。

這是由於能自由發揮的空間實在太小。如果說是美感與設計的角色遭到矮化，那是誤解，我倒覺得這已經是延宕將近五十年的問題了。

香奈兒的前端與後端

水野　我常說「設計有所謂的前端與後端」。「後端」指的是畫圖、造形，也就是一般人認為的設計師工作。至於「前端」，便是我前面提到接案後花最多時間心力的部分，也就是最上層，好比思考要做什麼料理的部分。構想的好或壞，才是關鍵所在。

山口　香奈兒套裝與皮包，就是可可．香奈兒（Coco Chanel）設計的「後端」。

香奈兒是在一九四〇年代開始為上流階級的女性製作服裝。當時的高級訂製服款式是流行縮緊腰身以強調胸部曲線，穿起來不舒服，但是看起來很美麗的性

9　知名廚師、餐廳總監。法國餐飲史上首位經營兩間米其林三星餐廳的主廚。

感洋裝。這類衣服因為昂貴，只有財大氣粗或中產階級的顧客才買得起。至於在服飾上搭配緊綳束縛的馬甲，也有將女性視為玩物之意。

香奈兒成長於孤兒院，曾在酒吧唱歌，私底下也有情人，但是她具有強烈的自尊心與野心，不想依靠男人而活。這種希望女性更加自由、能自行選擇服飾的價值觀，正是水野先生所提到的香奈兒設計的「前端」。

水野　香奈兒最廣為人知的是將女性從馬甲中解放，不僅是首次將男裝常用的平紋針織布料（Jersey）與粗花呢（Tweed）用在女裝上，也是首次在女裝上運用黑色元素。能讓女性空出雙手的單肩包據說也是出自香奈兒的發明。

山口　沒錯，現代女性「習以為常」的時尚元素皆來自香奈兒的發明，可見設計的「後端」有多出色。不過，這些都必須先有「女性的新生活態度」的這項「前端」，才有可能誕生穿著非常舒適、看起來又優雅的新款洋裝與皮包。

市面上雖然有不少仿冒香奈兒套裝或皮包的冒牌貨，但是香奈兒本人的價值觀與生活態度、對時代的針砭反思是無法被複製的。香奈兒提出的構想開創了二十世紀女性的新形象，而且這並不是來自空想，而是凝聚了生命中的喜怒哀樂，所以才能掀起一場革命。

這一點與賈伯斯一樣。我印象最深的一件軼事，是當年賈伯斯前去參觀全錄公司（Xerox）的帕羅奧多研究中心（Palo Alto Research Center）發生的事。當所有人看到最新技術時，都只是隨口說句：「哇～好厲害啊。」據說只有他一個人興奮地喊：「這是革命啊！」他一定看得到未來高中生使用麥金塔電腦發揮無邊創意寫程式的情景。我想，他不是為了眼前的新科技，而是為了自己所創造未來的世界觀而感到興奮。

有了人工智慧就不需要設計了嗎？

水野　許多設計師都有一個誤解，認為「人工智慧的技術再怎麼發達，設計師這種職業也不會消失」。但我覺得設計師會是最快消失的職業。因為設計是知識與知識的結合，像Lancers這類媒合平台想必會愈來愈多，自動化設計應用程式（APP）也許會在未來成為主流吧。

山口　登錄之後，選定自己喜歡的設計師風格，就會收到通知：「這款設計符合你的需求。」類似這樣嗎？

水野　沒錯。剛開始也許會由企業方來選擇設計，過一陣子之後，或許會由像創意總監那樣擁有豐富設計知識的人才去挑選，而最終則變成比這些人更厲害的人工智慧直接選出最適合的設計。尤其是最單純的平面設計領域，很快就會面臨這種情形吧。如果只是設計商標，如今早就出現由人工智慧自動設計的服務。我想，這樣的未來指日可待。

山口 我的看法很兩極。在音樂方面，讓人工智慧製作音樂的相關研究已有長足進展，做出來的音樂還滿有意思的。不過，目前僅能做出一小段樂句，還無法做出長達一小時的交響樂曲，因為人工智慧無法譜出序曲、中段與終章的故事架構。

舉例來說，若是讓人工智慧讀取蕭邦的大批資料，大體上是可以做出具有蕭邦風格的樂曲。可是，它只會沒完沒了地演奏旋律，成為一首極其詭異且沒有盡頭的樂曲，因為它沒有能力去設計整首樂曲的起承轉合。人工智慧作出來的樂曲是沒有生命的，也就是缺乏故事。

反過來說，人工智慧可以無止盡地創作出「十五秒樂句」，所以像專門製作廣告音樂的作曲家，便有可能被人工智慧搶去工作。在這種情況下，愈來愈多毫無音樂知識的人也能創作樂曲，使得音樂的供給量暴增，如此一來，作曲的勞動成本幾乎等於零。知名音樂家或作曲家因為有粉絲群這類顧客資產，不太容易被人工智慧所取代，但是廣告音樂作曲家的雇主是代理商或廣告商，他們便常面臨大砍成本的壓力。

仔細想想，應該沒有人會期望人工智慧做出能媲美坂本龍一先生等級的電影音樂吧？就這一點來看，市場需求一定會往兩極化發展，所以我並不認為水野先生的工作會被人工智慧所取代。

水野　現在甚至連輸出，也就是設計的「後端」部分，人工智慧也辦得到了。不過，設計的前端部分，也就是決定針對某部分創造世界觀的流程，對人工智慧來說或許還很難。我覺得這就是我繼續堅持下去的意義。

平面設計的三個重點

水野 談到輸入想法，山口先生本身的藝術涵養自然不在話下，諸如美術史、設計方面的知識也十分豐富。請問要如何學習這些知識呢？

山口 我念大學的時候，很喜歡閱讀武藏野美術大學的柏木博先生所寫的日本設計史；再加上我母親是會鼓勵「生活要過得多彩多姿」的那種人，也許是受到她的影響吧，我在高中的時候就開始看《STUDIO VOICE》[10]了。

水野 我也看過那本雜誌（笑）。尤其是跟攝影有關的特輯，都被我翻到爛了。

山口 包浩斯（Bauhaus）當然是必推的，除此之外，我也很喜歡看法國國營電視台所製作介紹知名建築的節目。這個節目相當專精，會花一個鐘頭解說龐畢度中心（Le Centre Pompidou）的精彩之處。即便我後來在電通從事業務工作，走的路線有點不一樣，這些知識用不太到。話雖如此，我還是覺得學習是很愉快的一件事。

水野　我的名字是「學」（笑），感覺現在是遇上了不繼續學習就完全行不通的時代啊。若是如我前面所提到的重新定義設計，便能明白它是社會上所有人都需要的東西。不過，也許是因為一般人認為設計是一種特殊才華，或者被局限成是美術系學生的必備技能，以致於每個人愈來愈不了解設計，所以我很希望大家能多學一些設計或藝術。

山口　包括輸入方法在內，水野先生指導的學習方法是什麼？設計是可以跟別人學習的嗎？

水野　我在慶應教過課，直截了當地說，設計就是「知識×方法」。知識不足而選擇只靠方法是行不通的，知識豐富卻不知道方法也同樣不可行。首先要從增廣見聞做起。

所以有不少人問我：「有沒有簡單上手的方法？」光是我經手的部分，就有平面設計、產品設計、室內設計等各種不同的領域，若是只談平面設計，主要有三項重點。

第一項是要學會看出「風格特點」，也有個說法叫作「sizzle」[11]；總而言之，最重要的是要精準看出事物的風格特點，並想辦法展現出該項事物具備的魅力。

市面上許多設計產品，有不少在出發點就已經是錯誤的。例如：明明標榜的是優質產品，不知為何卻選了俗不可耐的顏色。這就是沒有建立完整的世界觀，也不明白自己的世界觀究竟是什麼的緣故。

第二項是學習與設計有關的基本知識，例如：字體與色彩。提到色彩，光是能夠理解色相環，表現出來的感覺就完全不同。我想，這對山口先生來說是最基本的常識，可是我在演講時，卻發現不懂色相環的人比想像中還多。

第三項是了解什麼是不能做的。例如：帶有歧視意思的表現、忽略多元性別的表現等，絕對不可採用。除此之外，設計領域實際上是有許多禁忌的。像是前面提到，「若是用了某種字體，歐美人士會有如此感受」等的知識。

還有投遞至家中的傳單，常看到上面用了七、八種字體，並且用了太多種顏色，文字大小不一，根本讓人記不住傳單的內容。若是故意設計成這樣也就算了，但如果要傳遞訊息，字體、色彩與文字大小的種類太多的話，效果就會大打折扣。

山口　解釋得如此淺顯易懂，感覺每個人不懂設計就奇怪了（笑）。不過，這些想法看似理所當然，實際做起來卻不容易吧。

10. 譯註：創刊於一九七六年，以產出創意的場所（STUDIO）中所出現的聲音（VOICE）為核心價值，結合藝術文化和創意、音樂和生活等概念，被稱為雜誌界的「搖滾精神指標」。二〇〇九年停刊，二〇一五年復刊。

11. 譯註：原指烤肉時滋滋作響的狀聲詞，後來引申為指能刺激感官之物。在廣告或設計領域中，特指能夠刺激食欲或購買欲望的元素。

為什麼事到如今仍害怕「品味」？

山口　我並沒有故意找藉口說自己辦不到，但我還是覺得「設計」很可怕。即使我認為這是一個好設計，但如果有人不認同這種說法，感覺就像人格遭到否定一樣。心思愈敏感的人，愈害怕這種情況。

山口周 × 水野學　（攝影：小山幸佑）

水野　啊，我懂這種感覺。

山口　假設基於「我認為這方案可行」的理由而決定研發某種產品，之後也經過市場調查加強產品機能，最後卻因為價格過高而導致銷量慘澹，如果是這種情況仍可有辯解的餘地。

水野　這時應該會把責任推給各種人事物或情況吧（笑）。

山口　事實上，遇到這種情況立刻這麼做的人，光是東京肯定就有一百人吧（笑）。例如：「搞錯定價的方向了」、「競爭對手推出功能更好的產品」、「研發速度有點慢」。

不過，若是基於「我覺得這樣很酷」的理由推出產品，之後卻慘遭滑鐵盧，那就沒有轉圜的餘地。「失敗的原因，就是因為你沒有品味」，如果是這樣，真的會使人一蹶不振，畢竟打擊太大，根本是羞愧到無臉見人。

像 BALMUDA 的寺尾先生這樣「只憑自己是否覺得酷」的人，也算是以藝術家的身分向世人展現自己的輸出成果。我認為寺尾先生是有心理準備接受批判，但有的藝術家並非如此。被評論家貶得一文不值而大受打擊的歌手與作家可是相當多啊，更何況一般人輸出的成果也僅是半吊子的成品。

水野　說得沒錯。許多人都會因為一句「你還真沒品味」而受傷。

山口　之所以容易受傷，我想是因為人生中沒經歷過什麼挫折吧。考試考得不好時，可以辯解說「因為我沒念書」、「因為我算錯了」，既然在學校就是如此，自然也能以同樣方式面對工作。

不過，今後確實不能再逃避。最終決定一個人是否能在工作上有所成就或一事無成的分歧點，就在於「感性」。換句話說，由於品味成了競爭優勢，若是逃避這場勝敗之爭，不但成不了大事，也創造不出受歡迎的產品與服務。

在工作上吊兒郎當地一味逃避，以棒球選手來比喻，就像打擊率約二成三，全壘打約十支，勉強算得上主力球員，卻老是處在不上不下狀態（笑）。

水野 我認為教育內容也必須改變。日本在小學到大學的十六年教育中，只會訓練我們尋找「正確答案」。當訓練結束踏入社會，卻突如其來對我們說：「重要的不在於答案是否正確，而在於它是否有意義」、「用你的品味與審美觀來想一想」，當然會讓人無所適從啊。

我有時會帶著念小學的兒子去我經手打造品牌的店鋪，對他說：「你來幫爸爸工作吧。從現在起仔細觀察這間店，試著找出至少十五個可以改進的缺點，好嗎？」我兒子就會很愉快地走走看看，毫不客氣地一一指出來。我認為人原本就是如此敏銳，卻因為總是探索「正確答案」與「實用之處」而使感官愈來愈遲鈍。

山口　另外，了解自己的喜好厭惡，也是鍛鍊品味的第一步。

水野　是的。不過，在會議上一味堅持自己的喜好就很傷腦筋了（笑）。對於某項事物是喜歡還是討厭呢？「為什麼」喜歡呢？如果不喜歡的話，改掉哪個部分就會喜歡呢？若是能對喜好厭惡的理由養成打破砂鍋問到底的習慣，就能鍛鍊自己的感官。

我在業界顯得相當格格不入（笑），因為我一直努力用言語表達設計，試圖解密設計的黑盒子。結果就像洩漏魔術的祕密一樣，讓所有人都能玩魔術。另一方面，也增加了不少有能力批評我的魔術「很無趣」的人。

在此之前，許多設計師都受惠於魔術般的設計能力。認為「只有我們才有能力操控設計」，自己就能高枕無憂。但是在未來，所有人必須將品味與審美觀當成必備的技能才行。

山口 你說得沒錯。

水野 我最喜歡山口先生的一點，就是願意對設計師傾囊相授，讓設計師在不得不開口說明時，不必使用艱澀的詞彙，而是懂得運用淺顯易懂的話語。對我來說簡直是救世主啊（笑）。

再說那樣的書能大賣，表示時代真的在進步啊。所有人都希望了解魔術的祕密，自己也想試著當魔術師。這樣的未來不就在眼前嗎？

符合人性的設計才有意義

山口 我常提到石器時代的人會把黑曜石打造成石斧來用，而石斧的大小幾乎與日本的印籠[12]或 iPhone 3G 以前的型號差不多。雖然現在的智慧型手機尺寸都愈做愈大。

水野　拿在手裡的感覺很類似吧。話雖這麼說，我也只摸過 iPhone 啊（笑）。

山口　不過，重點就是拿在手裡的感覺。製造石斧的時候，首先注重的是「鋒利」的機能。但是製作了幾把後，便逐漸進化為「好拿」、「美觀」、「刃面鋒利也不容易損壞」等等，這些要求就是所謂的「設計」。

一旦製造出性能佳、使用方便、堅固耐用且美觀的成品，就會有人基於「好想要他手裡的石斧」的心理而出價。或許原始時代也有那個時代獨有的物欲吧。

水野　這真的是很有意思的話題啊。原始時代的人們順著手感而精簡石斧的尺寸，這一點與 iPhone 一樣。適合手掌的尺寸大小，不論在石器時代或現代都很相近吧。

我正經手一個以訂立新標準為概念的雜貨品牌「THE」。當初研發飯碗時，為了找出拿起來最順手的形狀，團隊反覆試做了各種樣式，最後得出口徑十二公分、高度為口徑一半的六公分最適宜。我們是在試做的過程中發現這個驚人的事實。

日本從前將飯碗稱為「まり」，上等的器皿便是在飯碗的上方倒扣另一個飯碗時，可形成一顆直徑正好為四寸（十二公分）的球體。也就是說，我們揮汗如雨不斷試做才得出的最佳尺寸，剛好與日本自古以來製作的飯碗樣式相同（笑）。我看了各處產地展示的碗具，流傳下來的基本樣式都是口徑十二公分（四寸）、高度六公分（二寸）。不過，問了當地居民，每個人都不知道做成這種尺寸的原因。

我說這些不單是為了表達先人的智慧有多麼令人驚嘆。從前四寸的長度單位稱為「身度尺」，也就是以身體感覺最適合的尺寸拿來做為單位，這項意義十分重大。

山口　使用起來是否順手？是否親膚？是否感覺舒適？在未來，設計時會更注重這些需求吧。影像也是如此，智慧型手機的應用程式也一樣。操作方式會使人感到負擔的使用者介面（UI）會逐漸被淘汰。

水野　我很喜歡巴黎的羅浮宮美術館，去參觀過好幾次；那裡收藏著古代的土器。美術館將人類過去設計的物品蒐集起來，隨時間流逝，這些因應人類需求而誕生的生活物品，經年累月便成了美術或藝術。

羅浮宮美術館的法語是「Musée du Louvre」，musée 與 museum 都是「博物館」的意思。就字義來看，博物館的一部分就是美術館，所以不必特意將藝術區隔開來。

山口　我並沒有認真學過設計史，不過，原始時代的手斧單憑簡約的機能之美就能讓人覺得「很酷」，後來也許是時代有所改變了吧。總而言之，就是開始添加裝飾，將它視為炫耀權力或傲人財力的符號。

然而，這些裝飾愈來愈誇張，往往將圖樣填滿整件物品而不見任何留白，或者貼上金箔，或是像巴洛克、洛可可樣式、伊斯蘭藝術裡常見的列柱樣式，在柱頭上裝飾花瓣等圖樣。添加這些裝飾的通常是工匠，而不是出自所謂的藝術家或設計師之手。

我也覺得日本的家徽很有品味，由衷認為相當出色，但是它並沒有專屬的設計師。也就是說，即使當時的社會不存在設計師一職，仍可以創造出讓現代人驚嘆不已的物品。

話說回來，水野先生，如果讓你舉出絕對想要帶到未來一千年後的絕世好物，請問會是什麼？

水野 欸，是什麼呢……如果要耍帥的話，我會說「想像力」或「文字」，但老實說，我腦海裡浮現的不知道為什麼是「圖坦卡門的面具」（笑）。

山口　我常在工作坊或演講時問這個問題，若是不考慮金錢與空間，得到的答案五花八門。例如：姬路城、水野先生剛剛回答的圖坦卡門面具等各式各樣的答案，但大多數是十九世紀以前的東西。

換句話說，「請舉出想要帶到未來一千年後的絕世好物」，出現的多半是十九世紀以前的物品。在沒有設計師、工業設計也不發達的時代，卻能創造出大量足以流傳百年以上的物品，反觀財力、工業技術以及設計素養皆有進展的現代，卻很難創造出流傳百年的物品，我認為這並不是能力的問題。

水野　問題出在故事與精準度吧。原因不只是大量生產會降低物品的價值，而是集結當時技術之精粹，所全心全意創造出來的物品確實具有強大的意義。

我想到另一個，能夠流傳後世的還有「發明」吧。繪畫也是如此，莫內發明了印象派，畢卡索發明了立體派（Cubism），杜象（Marcel Duchamp）則是現成物（Ready-made）的發明家。反過來說，只有創新的發明家才能流傳後世。

如今的時代，即使自詡為獨立藝術家，若是到達不了發明家的境界，也許仍會隨著歲月流逝而遭到淘汰。

山口　有一件事讓我覺得很困擾也傷透腦筋。Apple 剛推出 iPhone 時，看似走在時代的尖端，但最後卻變成一個玻璃板。原以為是絕世良品，卻成了一個玻璃板，說得極端一點，根本讓人不知該如何設計了。

水野　就是說啊（笑）。像現在不論是 Galaxy 或其他廠牌，看起來幾乎大同小異。總之畫面要夠大、厚度要輕薄，螢幕採用玻璃面板的話，光看外觀幾乎沒什麼區別。

山口　我在拙作《成為新人類》一書也提到，儘管與其他廠牌的智慧型手機看起來差別不大，但 Apple 的股票時價總額卻相當高。我想，其中也蘊含思考設計時的一項關鍵。

外觀看起來都差不多，iPhone 卻能如此受歡迎，原因不在於設計出來的產品外形富有意義，而是產品中所包含的故事與世界觀吧。

12　譯註：原意為收納印章的小盒，自江戶時代起逐漸演變為男性和服腰間上配戴的重要配件，可存放收納藥品、菸草等隨身小物。

要做出鐵粉認可的品牌，精準度很重要

水野 與山口先生談過後，我的想法是「絕對不能放棄，應該要更鑽研每個細節」。我也曾對自己說：「創意總監應該徹底參與委託的工作。」但我覺得其中仍會保留一些決策交由高階主管決定。

山口 怎麼說呢？

水野 從「實用」轉向「有意義」的時代變遷中，我覺得愈來愈重要的是「精準度」，也就是「完成度」，或者可以稱為「審美觀」。

建立品牌的重點在於精準度，這句話我已在各個領域中強調了十年以上。產品本身不用說，運送外盒、包裝細節、廣告、宣傳工具、店面裝潢、ＰＯＰ、產

品的品質標示標籤、購物袋、會員卡、網頁、社群媒體、客服中心的應對、社長的服裝與領帶顏色……全部包含在內。品牌是由與品牌相關的全部要素所積累創造而成，任何一項都是不可或缺。不過，與知名製造商共事後，也常遇到「既然不可能做得更好，那就到此為止」的情況。

山口　確實如此。很多時候就是要適時收手。

水野　即便如此，為了讓顧客認同「這是有意義的、有價值的」，必須將完成度與細節提高到超出他們的想像與預期。換句話說，製造商必須將細節打磨到連資深鐵粉都認可「這個做得不錯嘛」的地步，否則他們無法發掘出「意義」所在。

山口　沒錯。何況如今的時代已經不能亂槍打鳥似的狂撒資訊，而是要激起顧客的興趣，讓他們主動來索取詳細資料。不論哪個領域，愛好者（OTAKU）的世界都相當驚人。

水野 是的。那是我最喜歡的世界（笑）。品牌方必須抱著決心，堅持細節，並製造出滿足愛好者的產品才行。

我經手的專案有許多是從產品開發的前置階段做起，並且涉及產品設計以及後續的宣傳活動，若是試圖將這一切像是「拍一部電影」那樣彙整為一個世界觀，便需要以極高的精準度來要求每個環節。透過這次對談，我再次體認到這一點不容妥協。

山口 你說得沒錯。因為各個組織的「正常標準」都不一樣，光是自己提高精準度並不容易。

水野 是的。我曾與某家公司合作，專案內容是使用同一色調將多種產品呈現出整體感的效果。產品開發過程中常使用「DIC」色票來指定色彩，所以當時我指定了DIC色票裡的淺灰色。當各個產品的樣品出來後，卻發現色調不一致。A負責人做出來的樣品呈深灰色；B負責人的樣品偏紅，呈現灰棕色；C負責人的樣品則是偏藍而成了灰藍色（笑）。

事實上，協調色彩是很困難的一件事。DIC色票是將色彩滿版印刷在紙面上，但是產品的材料有布料、塑膠、木材等，不僅塗裝方式各有不同，各種材質上的反光效果也不一樣，最後便是各個負責人各做各的，完成了「自認為的淺灰色」樣品（笑）。

一問之下，才知道那家公司過去都沒有嚴格按照色票製作產品，頂多只是參考而已。換句話說，這就是那家公司的「標準」，也就是「精準度」的水準。將所有樣品擺在一起，一眼就能看出色調都不一樣，所以我也能理解為什麼他們會達不到最初要求的「整體感」效果。然而，對方向來是以「時間不夠，所以無法做到」為由敷衍了事。這就是日本頂級企業的作為。

因為我是以創意總監的身分應聘而來，基於職責所在，我便要求他們重新來過：「這樣達不到要求的效果，請重做一次樣品吧。」不過，因為我是外部人員，才有辦法如此要求。

山口 如果全是內部人員，就很難這麼做吧。搞不好公司內部早就有人發現這個問題了。

水野 擔心多嘴會惹人厭，所以乾脆不說。再加上公司裡的元老多半習以為常，根本不覺得哪裡有問題。

「今後是意義至上的時代！一定要提高精準度才行！」光是振臂疾呼，卻依舊維持過往的組織結構的話，我覺得很難會有所改變。

山口 因此，必須著手建立機制，注意自家公司的「精準度水準」啊。

言語也講求精準度

水野　話說回來，我認為言語也愈來愈講求精準度了。過去對於廣告，頂多要求宣傳手冊或網頁上的文句通順即可，如今光是社群媒體就有好幾種，發布的文章也很容易就廣為流傳。

山口　所以這個時代的言語也必須要控管品質啊。

水野　我最近常與文案達人蛭田瑞穗先生合作，拜託他「全權」負責。說到文案，在此之前，人們都認為主要的工作就只是撰寫廣告標語，但蛭田先生寫的不僅是廣告標語，還包括聲明稿、網頁文字、新聞稿、甚至連社群網路上與品牌有關的所有詞句及文章，我都全權委託他書寫與監修。

山口　這樣做的話，品牌本身就能擁有一個完整的個性啊。

水野　我想有不少企業的新聞稿和產品的說明書是分別由不同的人來撰寫的。不過，如果能讓企業與品牌發布的文字互有關連，便能提升資訊發布的精準度。至於像夏普（SHARP）或TANITA擁有個性與技術兼具的社群編輯的情況，則是另當別論。

山口　將來應該會需要更多像蛭田先生這樣能監修企業與品牌所有文案的人才吧。

水野　我也這麼認為。我還想到另一點，那就是「擁有意志與想法才能變強大」，也許稱為「大義」比較恰當。

我在考慮是否接案時，一定會問對方：「公司的大義是什麼？」根據我的經驗，公司的經營者若是個有想法的人，即使當下公司營運狀況並不太好，將來仍有可能逐步改善，因為強大的想法可化為原動力，例如：「想透過某種產品改變社會」、「一定會有人很想要某種產品，所以想要實現這個夢想」等。

山口　前面提到搜尋引擎的開發競爭，擁有熱忱的競爭者會比大企業更具優勢，往後這種趨勢會愈來愈強烈吧。因此，如果滿腦子只想著如何以低廉成本做出與其他公司類似的產品、如何才能賺大錢的話，那是絕對不可能勝出的。

水野　你說得沒錯。我幫某家大企業成立新品牌以及研發新產品時，真的非常辛苦。這家企業對其他公司研究得相當徹底，A公司的同款產品賣了多少錢；B公司的類似產品定價降低了多少錢就銷售非常好；C公司最近推出某款熱門產品，我們也不妨跟進……，諸如此類，他們蒐集的全是競爭對手的產品資訊，然而卻完全沒有「自己的理想目標」，他們只重視銷售目標。

其中幾位高階幹部對此也有危機意識，當我規劃品牌的定位，跟他們討論時說：「我們就根據大義來培養品牌吧。」他們也表示認同，但大部分的人卻都一臉茫然（笑）。

山口　大概其他人都從來沒想過數字以外的事情吧（笑）。

水野　由於他們抱持這樣的心態，所以在開發產品時也常遇到下列情形：「別家公司這樣做結果產品熱銷，我們也應該跟進」、「合作工廠說這樣做的成本較低廉，所以我們決定這麼做」。即使我提案說：「這個品牌的概念是○○，要不要朝這個方向去製作產品？」他們卻回答：「這樣做的話，我們的顧客不會買啦。」後來別家公司搶先一步推出這種概念的產品，並且銷售非常好（笑）。

經營品牌是一場長期戰役，最常見的情況是最初約有三年左右很難在數字上看到成果；三年過後會開始嶄露頭角，五年過後營業額便一飛衝天。前面提到的那家公司雖然短時間內能在銷售上獲利，但這種缺乏遠見的規劃是無法永續經營的。

山口　因為他們只看得到既有的顧客與競爭對手，導致業績一路下滑。重點在於必須規劃自己的願景，並朝著目標創造未來，如果眼裡只有過去的公司，我覺得就很難「創造意義」。

設計會帶來未來

山口　盛田昭夫先生最出名的就是推出「Walkman」隨身聽這項產品。「Walkman」剛問世的時候，經銷商根本不知道那是什麼東西，所以疑惑地問：「這是什麼東西啊!?」「沒有喇叭要怎麼放音樂？」（笑）

因為這個新產品實在太莫名其妙，當時沒有一家店願意銷售。盛田先生便在這種情況下，雇了一百名帶著頭戴式耳機的外國模特兒，要求他們「穿溜冰鞋在代代木公園玩耍、奔跑，愉快地漫步」。

水野 這是用行動來展現未來的情景吧。真厲害。

山口 用機動性高的設備來聆聽音樂的未來場景已經可以實現。聽音樂時再也不必只能好好坐在家裡才能聽，而是可以一邊做其他事情，一邊聽，並且能隨時隨地享受音樂的樂趣。盛田先生就是想在大街小巷呈現這幅情景。

・盛田先生的策略奏效，也成功掀起話題：「那東西到底是什麼？」在沒有社群網路的時代，依舊贏得口碑。

當時丸井的採購興奮地說：「把庫存全部給我！」簡直就像賈伯斯參觀全錄公司的帕羅奧多研究中心後大喊「這是革命！」一樣，他肯定明白，這就是一場音樂革命，能看出一點真是令人佩服。果不其然，「Walkman」隨身聽立刻成了賣到缺貨的熱門產品。

水野　可見描繪未來的能力有多重要。如果缺乏這項能力，便無法創造「意義」，也無法創造「世界觀」。不僅如此，看到新事物時也渾然不覺其中的「意義」與「可能性」。

山口　有的人展示了未來，有的人則是注意到「被展示的未來」，發現：「啊，這個會流行！」而世界也真的因此改變。真是精彩的故事啊！由於Apple、星巴克、Walkman的出現，讓世界變得更不一樣，儘管會因為裝置更新，或許之後又會被iPad等新產品取而代之，但是當這些產品問世的那一刻起，世界就會隨之改變。

前面提到如果我是投資者，也沒辦法單憑星巴克提出來的文字概念就決定投資。即使對方費盡唇舌說明，我仍會覺得「我根本沒興趣」、「我不覺得會流行，搞不懂那是什麼」。不過，肯定還是有其他辦法能具體描繪出概念，並且告訴人們吧。

水野　我再次體認到，設計的功用在於想像目前尚不存在的未來，並將想法清晰地描繪出來，思考可實現的方法，而最終目的便是輸出成果。這正是我心目中「設計」的真正功用，而不是遭到矮化的膚淺設計。

設計會帶來未來。若是無法實現這個目的，便稱不上設計。與山口先生的談話中，讓我覺得應該向各式各樣的客戶多提案一些未來的願景。

山口　就像賈伯斯能看到未來有Mac的情景一樣。只要有能力創造故事，且能將故事情境清晰地描繪出來讓人了解，姑且不論他的職業是不是設計師，都是未來不可或缺的人才吧。

Epilogue 創造價值的背後需要縝密的世界觀

水野學

結束了與山口先生刺激又愉快的對談後，我有機會一睹最新型無人機所拍攝的「雲霄飛車影像」。雲霄飛車不斷以驚人的速度爬升下降。無人機的技術十分厲害，全程貼近雲霄飛車，拍攝出來的畫面又逼真又震撼，電視主播也語帶興奮地介紹：「這是前所未有的影像！」

但是我一點也不覺得新奇。科技是讓過去無法實現的事情成為可能——儘管影像如此震撼，我卻沒有從中感受到看見新事物的感動。至少沒有出現「原來是這種感覺」那種超出預期的畫面。

我並不是因為工作關係，看過太多五花八門的影片才失去新鮮感。大多數看過影片的人恐怕都跟我有同樣的感受吧。原因是這影像即便不用無人機拍攝，我們也都可以想像得到影像內容會是如何。人類的想像力比各位所想的更出色，有時甚至可以輕易地超越科技。

山口先生在本書開頭提到，Apple早在一九八七年便清晰描繪了由網路串連全部裝有觸控輸入、語音輸入等終端設備的「未來」情景。世界上第一個網頁瀏覽器「Mosaic」，則是在六年後的一九九三年誕生。我認為，在科技有能力改變現實之前，人類早有能力想像目前尚不存在的未來。

一九六九年，藤子不二雄這兩位天才創造出「哆啦A夢」。根據最初的設定，哆啦A夢誕生於二〇一二年，是二十一世紀的貓型機器人（後來改為誕生於二十二世紀的二一一二年）。第一集出場的神奇法寶是「竹蜻蜓」（初期稱為「直升蜻蜓」），直到二〇二〇年仍無法具體實現。不過，功能比「無線電話筒」更卓越的手機現在已經十分普遍；宇宙探險帽則是透過擴增實境（AR）技術得以實現。科技確實正在一路追趕上哆啦A夢的世界。

新商機的眾多靈感或許早就藏在《哆啦A夢》裡。藤子不二雄以及本文所提到的賈伯斯、索尼的盛田昭夫是出類拔萃的天才人物，儘管如此，包括我在內的平凡人，仍可以發揮想像力。

清晰且具體地描繪出自己理想中的情景，以近乎苛求的精準度來創造「世界觀」，並且逐步實現它。接著，進一步創造出「有意義」的產品，藉此吸引更多與它產生共鳴的人。與山口周先生的對談點醒了我，這些正是往後商務所需要的條件。

馬斯洛晚年在「人類需求五層次理論」的第五階段「自我實現需求」之上，又提出了第六階段的「自我超越需求」，其論述有點哲學性質，在這裡暫時不深入探討。這項需求又稱為「社群發展需求」（Need for Community Development），根據解釋，這項需求指的是一種不尋求別人的讚美，而是秉持理念全心全意實現目標的狀態，也就是期盼自己所屬的整個社群能有所發展。

馬斯洛逝世於一九七〇年。當時正值日本高度經濟成長期的最高峰，在那個充斥渴望，凡事都不滿足、什麼都想要的時代，能對馬斯洛第六階段的概念產生共鳴的人或許不多。反觀現代，相信已有不少人能明白馬斯洛想要表達的概念。

雖然我們在衣食住方面不虞匱乏，但總覺得內心空虛。莫名覺得苦悶壓迫，無法相信未來會充滿希望，即便人們高喊「永續發展目標」（SDGs），但對於地球環境卻滿懷不安。在這樣的時代，「如何活下去」便成了嚴肅的話題。

企業也是面臨同樣的瓶頸。想以什麼方式與社會產生連結——換句話說，Part 3 中所提到的「大義」顯得極為重要。

以日本為例，據說八十五％的公司會在創業的五年內倒閉。我在工作上與各式各樣的企業接觸過，也看過不少有發展潛力的公司和退出競爭舞台的公司。我發覺資金充裕且衝勁十足但最後卻一落千丈的公司，大多是基於「希望快速成長獲取暴利」的需求而全力猛衝。利潤是經濟活動中必須克服的最重要課題，我的任務便是堅守自己的職責，為攜手建立品牌的企業提高利潤。然而，「單憑數字」是無法描繪未來的發展可能性，更何況，數字也不會成為我們今後想珍惜「有意義」的原動力。

「想要對社會有所貢獻」、「想要改變未來」，懷著熱忱、希望與強烈意志，便是所謂的大義。若是沒有大義，便無法明確描繪出自己的未來願景。若是沒有大義，世界觀就會偏移。

不管怎麼說，在組織裡創造世界觀，並不是憑一己之力就能完成的大工程。必須有許多人共享同樣的想法、描繪同樣的願景，持續創造「意義」才行。為了做到這一點，便需要打著大義的旗幟，讓所有參與的人感受這份熱忱。

我從二〇一六年起擔任 Oisix ra daichi Inc. 的創意總監。該公司以消費者能夠輕鬆購買安心安全的農產品及加工食品、料理懶人包（Meal Kit）的電商網站「Oisix」為主，會員人數超過三十萬人。我深深感受到，在「Oisix」所做的一切正是企業擁有大義才能實現目標的成功案例。

剛上任時，我會親自設計商標，著手改變公司的整體創意。但是從某個時期開始，每個月與各部門的設計團隊召開例行會議成了我的重要職責。

公司內部設計團隊的優點是機動性強，但缺點是各部門容易各自為政。因此，我在會議上會對每位設計師的每一項作品給予反饋，並將自己的設計訣竅鉅細靡遺傳授給他們，最重要的目的就是「讓全體工作人員擁有一致的 Oisix 世界觀。」

Oisix 是什麼樣的品牌？目標是什麼？想要呈現的是什麼？徹底探討 Oisix 的世界觀之後，便要精益求精地輸出成果，實際上這是一項極為細緻的工程。

「什麼樣的願景才能突顯 Oisix 的特色？」「圖片要配什麼文字比較好？」除了討論這些東西之外，當然也包括細節的部分——例如：「這張照片裡的農民戴著的龐克風帽子，看起來有 Oisix 風格嗎？」連這些問題也搬上檯面討論。帽子很亮眼，可是跟 Oisix 的世界觀有點不搭，拍攝的時候是不是用這個角度比較好，如此吹毛求疵到「連這個也有意見？」的地步，但是在不斷要求改進的過程中能創意水準便逐漸提升。

我深深覺得，引領眾人的巨大能量就是 Oisix ra daichi Inc. 本身擁有的大義。「希望為更多人提供享受優質飲食生活的服務」、「希望建立妥善的機制，讓用